商业智能与商业分析系列丛书

Swarm Intelligence and
Data Mining

群体智能与
数据挖掘

金 鹏 / 编著

ZHEJIANG UNIVERSITY PRESS
浙江大学出版社

图书在版编目(CIP)数据

群体智能与数据挖掘 / 金鹏编著. —杭州：浙江
大学出版社，2019.5
ISBN 978-7-308-18791-6

Ⅰ.①群… Ⅱ.①金… Ⅲ.①人工智能—应用—数据
采集—高等学校—教材 Ⅳ.①TP18②TP274

中国版本图书馆 CIP 数据核字（2018）第 287877 号

群体智能与数据挖掘

金 鹏 编著

责任编辑	吴昌雷	
责任校对	刘 郡	
封面设计	北京春天	
出版发行	浙江大学出版社	

（杭州市天目山路 148 号　邮政编码 310007）

（网址：http://www.zjupress.com）

排 版	杭州林智广告有限公司
印 刷	杭州高腾印务有限公司
开 本	787mm×1092mm　1/16
印 张	12.25
字 数	300 千
版 印 次	2019 年 5 月第 1 版　2019 年 5 月第 1 次印刷
书 号	ISBN 978-7-308-18791-6
定 价	45.00 元

序

如果用一个词来概括目前人类科技发展的状况，可以用爆炸式发展来形容。回顾人类发展的历史，从开始直立行走、制造工具到火的使用，人类用了数百万年的时间，语言、文字、艺术的发展迄今不过几千年的历史，而现代科学技术的大发展，即使从第一次工业革命开始算起，也只有两百余年的历史。特别是自 20 世纪中叶以来，随着信息技术的出现，人类科技发展已不再是一个线性加速过程，新的概念层出不穷，新的技术及其应用不断涌现。

大数据时代，是近年来的热词，大数据技术在可预见的未来，也必将对人类社会产生重大影响。人们越来越重视数据资源，相应的数据分析处理方法研究方兴未艾，研究人员从各种相关研究领域及交叉学科中获取灵感，寻求解决方案。

群体智能是一种新兴的进化算法，是人工智能研究领域的重要分支，它是受到群居昆虫群体和其他动物群体集体活动的启发发展而来的。群体智能中的算法主要有蚁群算法和粒子群算法两大类。由于具有自适应、自治性、并行性等特点和优势，它们已被用于众多的应用领域，其中包括在数据分析、数据挖掘领域的应用。

本书围绕群体智能的机制原理与算法在数据分析、数据挖掘领域中的应用，分为"概念与基础篇""理论与实践篇""应用与发展篇"三大部分，主要内容包括群体智能的概念、特征及典型算法，数据挖掘的概念、数据基础和功能，粒子群算法及应用，蚁群算法及应用，数据预处理的内容与方法，数据挖掘的功能及典型算法，基于群体智能的数据挖掘方法，重点阐述基于群体智能的分类方法和聚类分析方法，并以商务智能中的客户关系管理为应用背景，介绍基于群体智能的客户转移模式分析方法，以及基于群体智能的数据挖掘体系在客户关系管理中的应用。

本书可以作为高等院校和科研院所的计算机科学、管理科学、人工智能、控制科学、系统工程、机械工程、电子电力和生命科学等专业的广大师生及科技工作者的学习参考书。

智能来自个体之间的交互。 人类是社会性动物的代表：我们一起居住在家庭、部落、城市、国家里，我们的行为和思维都遵循某些固有准则。 从电子计算机问世以来，科学家就在思索计算机程序和人类意识之间的相似性。 计算机可以处理符号信息，可以从前提条件得到结论，可以存储信息并且在适当的时候调用它们……以上种种也都是人类意识所能做的事情。 人工智能（Artificial Intelligence，AI）的研究因此应运而生了。

在早期的人工智能研究中，智能的标志是快速解决大规模求解空间问题的能力。 在庞大的求解空间中，只有很少甚至唯一的最优解，智能计算机如何去寻求最优解或者满意解。 AI 研究者们研究出了一些划分可能性空间的巧妙方法，并通过启发式方法（heuristics）来加速求解过程。 其他方法也得到广泛应用，例如逻辑学。 20 世纪 50 年代的时候，就已经出现了可以证明数学定理的计算机程序，用来求解连人类都难以解决的数学问题。 这仿佛预示着如果计算机能够被编程设定自行解决各类难题，那么实现计算机与人类对话，把人类从烦冗无趣的事情中解脱出来的日子就不远了。

然而人们很快就发现，虽然计算机可以在计算和存储方面显示出超人的能力，但它在一些人类看来很简单的事情上的表现却很难让人满意。 例如识别一张人脸，或者进行一次简单的对话。 这些"聪明"的机器并不擅长与真实的人或事打交道，或者处理多变的事物。 无论我们在决策程序中增加多少变量，也很难穷尽所有情况。 系统运行时总会有意外情况出现。

早期的 AI 研究者做出了一个重要假设：意识是存在于个体的头脑中的。 因此 AI 程序是用来模拟个体人脑接受信息和解决问题过程的。 但这种经验会使我们忽略作为人类种群最值得注意的一个特征：社会化群体。 如果要对人类智能进行建模，必须在社会环境中对彼此相互交互的个体进行建模。

必须指明的是，这里所说的交互并不是指多智能系统（multiagent system）中的

交互。在多智能系统中，各部分会传递信息，但不会改变自身所承担的特定功能。而在真正的社会化交互中，个体会改变处理问题的规则或方法。

在鱼群、鸟群、群居昆虫中，也会有社会化交互。例如鱼群中的每个个体都能为鱼群"放哨"，使整个鱼群可以有效地躲避捕食者。群居动物在寻找食物时也可以通过个体交互来实现：一个个体发现食物，其他个体就会看到并跟随。社会化行为可以帮助种群中的个体适应环境，通过交互使个体可以获得更多的信息。

适应性和智能之间是什么关系？有研究者认为两者本质上是相同的。也许这会有争议，不过两者必定是有关联的，很多社会化行为都能显著提升组织的适应能力。在认知科学领域，通常认为个体作为一个独立的信息处理实体而存在。而在基于社会化交互思想的 AI 研究中，希望通过对个体的社会化行为进行编程模拟，即每个个体都能了解到群体中周围"邻居"为问题求解所做的努力和取得的结果，并能被其中的成功信息所影响，进而达成群体目标。

目前，群体智能主要有两种算法模式，分别是粒子群优化算法（Particle Swarm Optimization，PSO）和蚁群算法（Ant Colony Optimization，ACO）。关于这两类群体智能算法的基本概念及应用将在本书第 3、4 章进行介绍。

随着群体智能研究的不断深入，应用的领域也不断扩展。数据挖掘就是其中一个热点领域，具有广阔的应用前景。数据挖掘是一个多学科交叉的应用领域，这些交叉学科包括：数据库系统、机器学习、统计学、可视化和信息科学。此外，因数据挖掘任务不同，数据挖掘系统还可能采用其他学科的一些技术方法，如：神经网络、模糊逻辑、粗糙集、知识表示、推理逻辑编程或高性能计算等。根据所挖掘的数据和挖掘应用背景，数据挖掘系统还可能集成其他领域的一些技术方法，其中包括：空间数据分析、信息检索、模式识别、图像分析、信号处理、计算机图形学、互联网技术、经济学、心理学等。通过如此丰富的技术手段，数据挖掘可以获取有价值的领域知识，并可从不同应用角度对知识进行查看和管理。

数据挖掘已成为数据库系统理论研究的热点，并在信息产业各领域的应用中发挥着日益重要的作用。群体智能是新兴的优化和智能计算方法，如何寻求其在不同领域中的应用，特别是在数据分析、数据挖掘领域中的应用，具有研究意义和应用价值。因此本书在介绍群体智能和数据挖掘相关知识的基础上，围绕着群体智能中的两类典型算法 PSO 和 ACO，阐述了群体智能方法在数据挖掘中的相关应用。

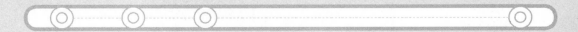

目录

第一部分　概念与基础篇

第1章　群体智能

第2章　数据挖掘

第二部分　理论与实践篇

第 3 章　粒子群算法及应用

第 4 章　蚁群算法及应用

第 5 章　数据预处理

第 6 章　数据挖掘的功能及方法

第三部分　应用与发展篇

第7章　基于群体智能的数据挖掘方法

第8章　基于群体智能的分类方法

第 9 章 基于群体智能的聚类分析

第 10 章 基于群体智能的客户转移模式分析

第一部分

概念与基础篇

群体智能

1.1 群体

1.1.1 群体的概念

物以类聚，人以群分。人类的一个重要特征就是社会性。在自然界中，还有很多其他生物具备这种社会性，甚至具有比人类更加高效的社会性。它们的一个共同特征就是群居，并且体现出了个体之间的联系。我们这里所说的群体的概念，就要由这些社会性动物来引出。

蚂蚁是一种典型的社会性昆虫。蚂蚁的社会性与人的社会性不同，人类在具备社会性的同时还具有打破社会规则的反社会性，而在蚂蚁社会中的个体蚂蚁天生具有极强的组织性与奉献精神，它们努力而安心于社会的分工，从不计较个体得失。我们发现当蚁群受到水患或火灾等生存威胁的时候，蚂蚁不会独自分散逃亡，它们会聚成一团，最外层的蚂蚁用自己的躯体来开拓求生之路。在孤独的环境里，蚂蚁根本就不能活。只要它们单独生活，或者有时只是朋友少了一些，它们就会不吃不喝，很快死亡。只有等到它们的伙伴多到一定程度，才能使它们的某些机能开始恢复。蚂蚁对自己的社会具有严重的依赖感。

昆虫个体在自然生态系统中的个体劣势决定了这种依赖感在昆虫社会中出现的概率远高于其他动物。为了更有效的种群繁衍，蚂蚁率先进化出了高效的社会运转体系。每个蚁群都会分化出蚁后、雄蚁、工蚁和兵蚁，不同的成员对于群体有不同的作用，各司其职而又分工合作。工蚁个体间能相互合作照顾幼体；具有明确的劳动分工；在蚁群内至少有两个世代重叠（不排除个别情况），且子代能在一段时间内照顾上一代。蚁群可以进行群体劳作与群体作战，蚂蚁个体在发现食物后会召唤伙伴来共同搬运回巢，绝对不会独享，而当蚁群遭到攻击时也会群集而上。例如红火蚁最擅长的就是群殴。

蚁群还在其他方面表现出了高度进化的社会行为。蚂蚁是动物世界赫赫有名的建筑师。它们利用颚部在地面上挖洞，通过一粒一粒搬运沙土，建造它们的蚁穴。蚁穴造型别致，多种多样，特别是地下巢穴常筑有曲折迂回的隧道，有的可深达3～4米，分层筑室，以利它们深层避寒，表层避暑。蚁穴的"房间"将一直保持建造之初的形态，除非土壤严重干化。蚁穴最深可达12英尺（1英尺＝0.3048米），能够延伸到任何地方，可以容纳数百乃至一万只以上的蚂蚁。通常而言，最年幼的蚂蚁位于洞穴的底部,生活在近地面的都是一些完全成熟的成年蚂蚁。

有研究认为蚂蚁比人更早学会了使用种植与畜牧手段保证食物的稳定供应。许多蚂蚁种类都会采集植物种子在蚁穴附近或内部播种,切叶蚁还会将叶子从树上切成小片带到蚁穴里发酵,并在上面种植蘑菇。

在冬季来临时蚂蚁还会搬运蚜虫、介壳虫、角蝉和灰蝶幼虫等到自己巢内过冬,从这些昆虫身上吸取排泄物作为食料(奶蜜)。蚂蚁为什么知道冬天快来了呢?从现代科学的观点看,蚂蚁的这种本能是受它们体内的年生物钟控制而起作用的,换句话说,它们是按照年生物钟的运行规律做好越冬期食物储备的。

蚁群还有一个重要的特征,就是可以按需调节蚁群结构。蚂蚁社会属于母系社会。蚁巢中除了蚁后,雌蚁统治着整个蚁巢的正常运作。芬兰生物学家松史托姆教授认为,蚂蚁世界可以说是一个"姐姐"吃"弟弟"的悲惨世界,研究人员从 59 个木工蚁巢中取出 3000 枚卵,其中 60% 是"一夫一妻"产下的卵,蚁后产下的卵中,雄卵和雌卵的数量几乎相同。而研究人员却发现蚁巢内雌蚁比雄蚁多好几倍,这说明雄卵在幼虫期之前肯定遭到了不测。但若整个蚁巢遭到袭击,为何只有雄蚁牺牲呢?问题一定出在巢内。研究人员指出,为了保持性别比例平衡,延续种群遗传优势,雌蚁消灭了雄卵,雌蚁可能通过对蚁卵表面化学成分的认识来辨别雌雄,而雌卵不会受到伤害。蚂蚁用这种方式来保持蚁巢的虫口的平衡。

我们过去常常认为,蚂蚁一定明白自己在做什么。当一群蚂蚁雄赳赳穿越厨房餐桌的时候,它们看起来是如此自信,想必它们"心中早已有谱",知道要去哪儿和做什么。否则,它们怎可能筑起精巧的巢穴,进行浩浩荡荡的捕食活动呢?

其实蚂蚁只是社会性动物的一种,不只蚂蚁如此。在一些动物社会里,个体微不足道,群体却充满智慧,没有领导,没有组织者,所有的分工却秩序井然。例如,成百上千的蜜蜂能够迅速决定把蜂房筑在哪里,即使这决定遭到许多蜜蜂的反对;成群的鸽子在城市的广场上憩息,突然间,似乎有什么事情惊扰了它们,所有的鸽子同时飞了起来。

这些鸽子并没有一个领导者,没有鸽子告诉别的鸽子做什么,每只鸽子只是遵循简单的规则:①尽量靠近邻近的鸽子;②要避免挤撞邻近的鸽子;③与邻近鸽子的飞行方向保持一致。就这么简单的几条,鸽子的行动就达到了惊人的一致。

不仅天空中的鸟群,还有海洋中的鱼群以及陆地上的动物,它们的群体协调能力都令人瞠目结舌。一些鱼类或陆生动物经常要成群结队地迁徙。沿途会时时遭到捕食者的攻击,对这些动物而言,能否协调行动关系生死存亡。

在海洋中,当几千条鱼在一起游动时,总比一条鱼更容易发现危险。危险到来的信息很快会在鱼群中传播开来,因为鱼通过它周围邻居的行动来感知发生了什么事情。这样,一个虎视眈眈的捕食者就很难隐蔽了。它刚一现身攻击,得到信息的鱼群就会在一瞬间像爆炸似地散开,在捕食者周围形成一团游动的泡泡,或者裂成多个"碎片",然后又汇聚回去并游走。

陆地上的动物更是如此。北美驯鹿长途跋涉迁徙时,看起来很像一片云影掠过田野,或者像一堆多米诺骨牌顷刻倒塌,好像每一只动物都知道它的邻居要做什么,而且一个紧随着一个,依次类推。没有预先的推测或者反应,也没有原因和目的,只是如此这般赶路而已。

一个积雪的冬日,当鹿群以漏斗状的队形穿越溪谷的时候,一只狼悄悄地靠了上来,鹿群很快做出了典型的群体防御反应,就好像在整个鹿群里掀起了一阵波浪。后来,所有驯鹿都奔跑起来。狼追逐了一只又一只,一次次失利。最后,鹿群越过了山脊,留下那只倒霉的狼在气喘吁吁地吞咽着积雪。

对每一只驯鹿来说,没有比这样的时刻更危险的了,但整个鹿群逃跑的动作是那么的精确,看不出有什么恐慌。每一只驯鹿都知道什么时候跑,以及往哪个方向跑,即使它并不很清楚为什么要这样做,没有领导者负责协调它们的行动。相反,每只驯鹿都只是遵循数千年来在面对饿狼的攻击时进化出来的一套简单规则而已。

综上所述,我们所说的群体,是指具备独立行为能力的简单个体所构成的集合,个体通过相互之间的简单合作完成整体行为,来实现某一功能,完成某一任务。其中,"简单个体"是指单个个体只具有简单的能力或智能,而"简单合作"是指个体与其邻近的个体进行某种简单的直接通信或通过改变环境间接与其他个体通信,从而可以相互影响、协同动作。

1.1.2　群体的重要特征——涌现

这就是群体智慧的迷人之处。不论我们是在谈论蚂蚁、蜜蜂、鸽子还是驯鹿,群体行为的基本要素——没有指挥中心,只对局部的信息做出反应。遵循简单的经验规则,整合起来构成了应付复杂情况的高明策略。

如果成员中的一个出了故障,另外的就会顶替上去。并且最重要的是,集团的控制是无中心的,不依赖于某个领导者。因为假如有个领导者,一旦这位"大人物"出了故障,那整个团队都跟着完蛋了。

蚂蚁已经进化出在它们邻近区域寻找最佳路线的办法,为什么不学学它们呢?

人类社会的结构一直都是层层叠叠的中心制,社会和政治团体已经开始采纳粗略的群体策略。

关于集体智慧,最重要的是行动。即使我们并不知道为什么。比如说我们也许并不知道少用一个塑料袋,对保护地球环境有什么意义,但只要你、我、他都一起行动,拒用塑料袋,白色污染自然就会减轻。

一只蜜蜂并不比你我更了解全局的情况。我们没有一个人知道社会作为整体需要什么。但假如我们环顾四周,寻找并去做我们能做的事情,就会创造出一个更加有效率的社会。

那么这种群体协作的机制是如何实现的呢?我们可以用一个多人协作寻宝的过程来模拟说明。假设你和一帮朋友正在寻找一个宝藏。你知道该宝藏的大致位置,但不知道它的准确位置。你想要得到整个宝藏,或部分宝藏。在朋友中,你已经同意了某种分享机制,使得所有参与搜索的人都能得到奖励。当宝藏被发现时,搜索过程结束,此时发现该宝藏的人会得到最高的奖励,而其他人得到的奖励由此时他们离宝藏的距离来决定,离宝藏越近的人,得到的奖励越高。组中每一个人都有一个金属探测器并且能够与最近的朋友交流信号的强度和他的当前位置。因此,每一个人知道他的邻居是否比他更靠近宝藏。这种前提条件下,你将采取什么行动呢?你基本上有两种选择:①不管你的朋友,不用你的朋友提供的任何信息,自己搜寻宝藏。在这种情况下,如果你发现了宝藏,它将全部归你。然而,如果你没有最先发现它,就什么也得不到。②利用你从邻近朋友处得到的信息,并沿最靠近的、具有最强信号(局部信息)的朋友的方向移动。利用局部信息,并据此行动,你提高了发现宝藏的机会,或者至少使你的奖励最大化了。

这是一个对你在没有全局环境知识的情况下协作得益的非常简单的例子。组中的个体通过交换局部获得的信息相互作用以解决全局目标,该局部信息最后通过整个组传播使得问题可以比由单个个体求解更有效地获得解决。

用不严格术语,这个组可以被称为群(swarm)。正式地,一个群可以定义为一组(一般是移动的)代理(agent),它们能通过对其局部环境作用(直接地或者间接地)相互通信。各代理之间的相互作用导致了分布式集体问题求解策略。群体智能(Swarm Intelligence,SI)是指由这些代理相互作用涌现出的问题求解行为,而计算群体智能(Computational Swarm Intelligence,CSI)是指这种行为的算法模型。更严格地说,群体智能是一个系统的性质,该系统的各简单代理与它们所处的局部环境相互作用,从而引起相关功能上的全局模式涌现的集体行为。群体智能也称作集体智能(Collective Intelligence)。

对社会性动物和社会性昆虫的研究已经产生了大量的群体智能计算模型。激发了计算模型的生物群体系统包括蚂蚁、白蚁、蜜蜂、蜘蛛、鱼群以及鸟群。在这些群体中,个体在结构上相对简单,但是它们的集体行为通常是非常复杂的。一个群体的复杂行为是群体中各个个体随时间相互作用的模式的结果。这个复杂行为不是任何单个个体的性质,并且通常很难由个体的简单行为来预测和推演。这称为涌现(emergence)。更正式的定义是,涌现是指推演一个复杂系统中某些新的、相关的结构、模式和性质(或者行为)的过程。这些结构、模式和性质在没有任何协调控制系统下共存,但是从具有局部环境的(潜在自适应的)个体相互作用中涌现。

因此,社会生物群体的集体行为是从该群体中个体的行为以一种非线性方式涌现的。在个体行为和集体行为之间存在一个紧耦合:所有个体的集体行为形成了该群体的行为。另一方面,群体行为将影响每个个体完成行动的条件。这些行动可以改变环境,这样该个体的行为和它邻近个体也可以发生变化,反过来,又改变了群体集体行为。因此,群体智能(即涌现行为系统)最重要的因素是相互作用或协作。个体间的相互作用有助于提炼有关环境的经验知识。生物群系统中的相互作用有多种方式，其中社会相互作用是最重要的。这里，相互作用可以是直接的（通过物理接触，或者通过视觉、听觉和化学感知输入）或是间接的（通过对环境的局部改变）。术语共识主动性（stigmergy）就是指个体通过间接通信进行相互作用，从而达成群体共识。

自然界中具有大量涌现行为的例子：

- 白蚁建造的大巢穴结构的复杂度是单个白蚁凭借自己的能力所无法实现的。
- 在一个蚂蚁群中，在没有任何中心管理者和任务协调员的情况下，其任务都是动态分配的。
- 蜜蜂通过摆动跳舞实现了最佳的觅食行为。觅食行为作为简单的轨迹跟踪行为也在蚁群中涌现。
- 鸟群中的鸟和鱼群中的鱼会自组织成最佳的空间模式。鱼群基于少量的邻近个体来确定它们的行为（例如游泳的方向和速度）。鸟群的空间模式来源于通过声音和视觉感知的通信。
- 猎食者（例如一个狮群）表现出的猎食策略比被猎食者更精明。
- 细菌利用分子（类似信息素）通信，共同保持对环境变化的跟踪。
- 黏菌由非常简单的且能力有限的分子有机体组成。然而，在缺少食物的时代，它们聚集形成一个移动的块，以便将聚集在一起的个体运送到新的食物区域。

在非生物系统中也观测到了涌现行为。证券市场就是一个很好的例子。作为一个整体，尽管它没有领导者，但证券市场可以精确地在世界范围内调节各个公司的相对价格。每一个投资者仅有自己持有证券目录中的有限数量公司的信息。证券市场的复杂性（和次序）由各个投资者相互作用所涌现。其他好的例子包括交通模式和在许多城市涌现出的自组织行为，尽管这些城市没有任何正式的规划。星系的空间结构是宇宙中物质和能量的分布的一个涌现特性。

计算群体智能模型的目标是建模个体的简单行为，与环境和邻近个体的局部相互作用，以便得到更为复杂的行为，它可以用于求解复杂问题，大多是优化问题。例如，粒子群优化（PSO）建模两个简单行为，每个个体：①向最靠近它的最好邻居运动；② 向该个体所经历过的最好状态运动。因此，涌现的集体行为就是所有个体都收敛到对所有个体最佳的环境状态。另一方面，蚁群优化建模了蚂蚁的非常简单的信息素痕迹追踪行为，这里每一只蚂蚁感知其局部环境下的信息素浓度，并且以概率方式选择具有最高信息素浓度的方向行动。由此涌现出从大量的替代路径中寻找最佳替代路径（最短路径）的行为。蚂蚁清理巢穴的局部行为模型产生了分组成相似对象聚类的复杂行为。

本书所介绍的计算群体智能方法分为两大类：粒子群优化算法和蚁群算法。两者都是来源于群体行为中涌现现象的启发。前者来自鸟的集群行为模型，而后者来自蚂蚁和白蚁群体的各种行为模型。

1.2　智能

1.2.1　智能的概念

首先需要对智能一词做一个解释,弄明白智能到底为何物。然而智能及智能的本质是古今中外许多哲学家、脑科学家一直在努力探索和研究的问题,至今仍然没有完全了解,以致智能的发生与物质的本质、宇宙的起源、生命的本质一起被列为自然界四大奥秘。

近年来,随着脑科学、神经心理学等研究的进展,人们对人脑的结构和功能有了初步认识,但对整个神经系统的内部结构和作用机制,特别是脑的功能原理还没有认识清楚,有待进一步的探索。因此,很难对智能给出确切的定义。

目前,根据对人脑已有的认识,结合智能的外在表现,从不同的角度、不同的侧面,用不同的方法对智能进行研究,提出了几种不同的观点,其中影响较大的观点有思维理论、知识阈值理论及进化理论等。

1. 思维理论

认为智能的核心是思维,人的一切智能都来自大脑的思维活动,人类的一切知识都是人类思维的产物,因而通过对思维规律与方法的研究有望揭示智能的本质。

2. 知识阈值理论

认为智能行为取决于知识的数量及其一般化的程度,一个系统之所以有智能是因为它具有可运用的知识。因此,知识阈值理论把智能定义为:智能就是在巨大的搜索空间中迅速找到一个满意解的能力。这一理论在人工智能的发展史中有着重要的影响,知识工程、专家系统等都是在这一理论的影响下发展起来的。

3. 进化理论

认为人的本质能力是在动态环境中的行走能力,对外界事物的感知能力,维持生命和繁衍生息的能力。其核心是用控制取代表示,从而取消概念、模型及显示表示的知识,否定抽象对智能及智能模型的必要性,强调分层结构对智能进化的可能性与必要性。

综上,可以认为智能是知识与智力的总和。其中,知识是一切智能行为的基础,而智力是获取知识并运用知识求解问题的能力,是头脑中思维活动的具体体现。

一般认为,智能是指个体对客观事物进行合理分析,判断及有目的地行动和有效地处理周围环境事宜的综合能力。有人认为智能是多种才能的总和。还有的观点认为智能由语言理解、用词流畅、数、空间、联系性记忆、感知速度及一般思维 7 种因子组成。

我们需要明确这里的智能是一个包容性的概念,从发展至今它的内容是不断完善的而且最终必将走向一体化。目前来说我们研究的智能包括三部分内容:知识的表示和处理,知识的获取,知识的应用。

1. 知识的表示和处理

毋庸置疑计算机是有智能的,但计算机的智能是我们所说的智能吗?人类又是怎样让计算机按照人类的意愿去执行相应的任务的呢?

我们先看看在工程实践中,经常会接触到一些比较"新颖"的算法或理论,比如模拟退火、遗传算法、禁忌搜索、神经网络等。这些算法或理论都有一些共同的特性(比如模拟自然过程),通称为"智能算法"。它们在解决一些复杂的工程问题时大有用武之地。

这些算法都有什么含义?首先给出一个局部搜索、模拟退火、遗传算法、禁忌搜索的形象比喻:为了找出地球上最高的山,一群有志气的兔子们开始想办法。

(1)兔子朝着比现在高的地方跳去。它们找到了不远处的最高山峰。但是这座山不一定是珠穆朗玛峰。这就是局部搜索,它不能保证局部最优值就是全局最优值。

(2)兔子喝醉了,它随机地跳了很长时间。这期间,它可能走向高处,也可能踏入平地。但是,它渐渐清醒了并朝最高方向跳去。这就是模拟退火。

(3)兔子们吃了失忆药片,并被发射到太空,然后随机落到了地球上的某些地方。它们不知道自己的使命是什么。但是,如果你过几年就杀死一部分海拔低的兔子,多产的兔子们自己就会找到珠穆朗玛峰。这就是遗传算法。

(4)兔子们知道一只兔子的力量是渺小的。它们互相转告着,哪里的山已经找过,并且找过的每一座山它们都留下一只兔子做记号。它们制定了下一步去哪里寻找的策略。这就是禁忌搜索。

诸如此类的算法还很多,但它们都有一个相同点就是解决问题的方式都与人类逻辑思考方式有关,而且它们处理的问题是不确定的,执行步骤多,数据量很大。

随着计算机技术的发展,计算机的运算速度和存储能力已经得到了大幅度的提高,使得用计算机实现以上算法成为可能。从某种意义上讲计算机是会思考的但是它的思考的方式、方向是由人来规定的,机器完成的是在既定方向上的大量的动作。人们根据不同算法的特点用计算机语言给计算机设定好执行对应算法的方向和次序次数等约束(这便是程序),这样计算机执行下去直至完成程序得出可行解。

概括起来这一过程还是人类利用计算机语言来描述一定的算法并交给计算机执行。

这算不算智能呢?我们只能说它是"片面的智能":"思考"的路径是由人来指定的,"思考"的过程是由计算机实现的。人类在这一过程中起的是主导作用。所以不能用计算机语言和算法对智能下定义,但它们必然包含在智能家族之中,算法应该是智能的核心。

2. 知识的获取

前面所说的知识的表示和处理都是人类对于某些特定的问题进行分析后的后续行为,那么这些问题从何而来?能不能通过非人类手段获取便是智能中所说的知识的获取。

现今信息通信技术已经发展到一定水平,我们可以通过多种传感器来获取某些实时情况的参数,可以说对于数据的获取是比较容易的,但这还不能叫作对知识的获取,还需要结合具体目标对数据进行计算和分析比较(这里的比较是和知识库中设定的数据进行比较)来得出实时情况下的状态(比如好或者坏),这样来让计算机"认识"实时情况的特性。而计算机通过参数来认识状态特性的过程又是人们结合具体要求设计算法,通过计算机语言让计算机执行的。

3. 知识的应用

知识的应用描述了智能能做什么。而知识的执行和知识的处理既有交叉部分又有区分。有一些问题,目的就是对知识进行处理,比如百度搜索就是利用某些智能算法(如遗传算法)从大量数据中找出和搜索内容最匹配的信息。有一些问题,比如说控制问题则是计算机对知识获取,处理后通过驱动执行部件来实现知识的执行,就像飞思卡尔智能车,通过传感器获得赛道路况参数,通过程序由 CPU 分析出路况,再发出控制信号驱动车轮转向。

当然智能的应用范围是多方面的,相信学习智能专业的学生都能发掘出更好的应用领域,让智能真正地落到实处。

这三个方面是相互联系的,在硬件实现中需要给这三个环节设计出接口部分,来实现信息的传输。只有把知识的表示和处理,知识的获取,知识的应用这三方面的内容统一起来,计算机才能够具有广义上的智能个体对客观事物进行合理分析,判断及有目的地行动和有效地处理周围环境事宜的综合能力。

1.2.2 人工智能

1. 人工智能定义

我们这里所说的群体智能,属于人工智能的范畴。那么什么是人工智能呢?人工智能(Artificial Intelligence,AI)从不同角度,也有着不同的定义。

定义 1 智能机器

能够在各类环境中自主地或交互地执行各种拟人任务(anthropomorphic task)的机器。

定义 2 人工智能(学科)

人工智能(学科)是计算机科学中涉及研究、设计和应用智能机器的一个分支。它的近期主要目标在于研究用机器来模仿和执行人脑的某些智力功能,并开发相关理论和技术。

定义 3 人工智能(能力)

人工智能(能力)是智能机器所执行的通常与人类智能有关的智能行为,如判断、推理、证明、识别、感知、理解、通信、设计、思考、规划、学习和问题求解等思维活动。

为了让读者对人工智能的定义进行讨论,以便更深刻地理解人工智能,下面综述其他几种关于人工智能的定义。

定义 4 人工智能是一种使计算机能够思维,使机器具有智力的激动人心的新尝试(Haugeland,1985)。

定义 5 人工智能是那些与人的思维、决策、问题求解和学习等有关活动的自动化(Bellman,1978)。

定义 6 人工智能是用计算模型研究智力行为(Charniak 和 McDermott,1985)。

定义 7 人工智能是研究那些使理解、推理和行为成为可能的计算(Winston,1992)。

定义 8 人工智能是一种能够执行需要人的智能的创造性机器的技术(Kurzwell,1990)。

定义 9 人工智能研究如何使计算机做事让人过得更好(Rick 和 Knight,1991)。

定义 10 人工智能是一门通过计算过程力图理解和模仿智能行为的学科(Schalkoff,1990)。

定义 11 人工智能是计算机科学中与智能行为的自动化有关的一个分支(Luger 和 Stubblefield,1993)。

其中,定义 4 和定义 5 涉及拟人思维;定义 6 和定义 7 与理性思维有关;定义 8 和定义 9 涉及拟人行为;定义 10 和定义 11 与拟人理性行为有关。

2. 人类智能与人工智能

(1) 智能处理信息系统的假设

① 符号处理系统的六种基本功能。信息处理系统又叫符号操作系统(Symbol Operation System)或物理符号系统(Physical Symbol System)。所谓符号就是模式(pattern)。

一个完善的符号系统应具有下列 6 种基本功能:(a) 输入符号(input);(b) 输出符号(output);(c) 存储符号(store);(d) 复制符号(copy);(e) 建立符号结构,即通过找出各符号间的关系,在符号系统中形成符号结构;(f) 条件性迁移(conditional transfer),即根据已有符号,继续完成活动过程。

② 可以把人看成一个智能信息处理系统。如果一个物理符号系统具有上述全部 6 种功能,能够完成这个全过程,那么它就是一个完整的物理符号系统。人具有上述 6 种功能;现代计算机也具备物理符号系统的这 6 种功能。

③ 物理符号系统的假设。任何一个系统,如果它能表现出智能,那么它就必定能够执行上述 6 种功能。反之,任何系统如果具有这 6 种功能,那么它就能够表现出智能;这种智能指的是人类所具有的那种智能。

④ 物理符号系统 3 个推论。

推论 1 既然人具有智能,那么他(她)就一定是一个物理符号系统。人之所以能够表现出智能,就是基于他的信息处理过程。

推论 2 既然计算机是一个物理符号系统,它就一定能够表现出智能。这是人工智能的基本条件。

推论 3 既然人是一个物理符号系统,计算机也是一个物理符号系统,那么就能够用计算机来模拟人的活动。

⑤ 人类的认知行为具有不同的层次。

认知生理学:研究认知行为的生理过程,主要研究人的神经系统(神经元、中枢神经系统和大脑)的活动,是认知科学研究的底层。

认知心理学:研究认知行为的心理活动,主要研究人的思维策略,是认知科学研究的顶层。

认知信息学:研究人的认知行为在人体内的初级信息处理,主要研究人的认知行为如何通过初级信息自然处理,由生理活动变为心理活动及其逆过程,即由心理活动变为生理行为。这是认知活动的中间层,承上启下。

认知工程学:研究认知行为的信息加工处理,主要研究如何通过以计算机为中心的人工信息处理系统,对人的各种认知行为(如知觉、思维、记忆、语言、学习、理解、推理、识别等)进行信息处理。这是研究认知科学和认知行为的工具,应成为现代认知心理学和现代认知生理学的重要研究手段。

(2)人类智能的计算机模拟

帕梅拉·麦考达克(Pamela McCorduck)在她的著名的人工智能历史研究《机器思维》(*Machine Who Think*,1979)中曾经指出:在复杂的机械装置与智能之间存在着长期的联系。从几世纪前出现的神话般的复杂巨钟和机械自动机开始,人们已对机器操作的复杂性与自身的智能活动进行直接联系。

著名的英国科学家图灵被称为人工智能之父,他不仅创造了一个简单的通用的非数字计算模型,而且直接证明了计算机可能以某种被理解为智能的方法工作。1950 年,图灵发表了题为《计算机能思考吗?》的论文,给人工智能下了一个定义,而且论证了人工智能的可能性。定义智慧时,如果一台机器能够通过被称为图灵测试的实验,那它就是智慧的。图灵测试(见图 1.1)的本质就是让人在不看外形的情况下不能区分是机器的行为还是人的行为时,这个机器就是智慧的。

图灵测试

游戏由一男(A)、一女(B)和一名询问者(C)进行;C 与 A、B 被隔离,通过电传打字机与 A、B 对话。询问者只知道二人的称呼是 X,Y,通过提问以及回答来判断,最终做出"X 是 A,Y 是 B"或者"X 是 B,Y 是 A"的结论。游戏中,A 必须尽力使 C 判断错误,而 B 的任务是帮助 C。

当一个机器代替了游戏中的 A,并且机器将试图使得 C 相信它是一个人。如果机器通过了图灵测试,就认为它是"智慧"的。

图灵(Alan Turing,1912—1954)

图 1.1 图灵测试

物理符号系统假设的推论 1 也告诉我们,人有智能,所以他是一个物理符号系统;推论 3 指出,可以编写出计算机程序去模拟人类的思维活动。这就是说,人和计算机这两个物理符号系统所使用的物理符号是相同的,因而计算机可以模拟人类的智能活动过程。

3. 人工智能的研究和应用领域

在大多数学科中存在着几个不同的研究领域,每个领域都有其特有的感兴趣的研究课题、研究技术和术语。在人工智能中,这样的领域包括语言处理、自动定理证明、智能数据检索系统、视觉系统、问题求解、人工智能方法和程序语言以及自动程序设计等。在过去 30 多年中,已经建立了一些具有人工智能的计算机系统。例如,能够求解微分方程的,下棋的,设计、分析集成电路的,合成人类自然语言的,检索情报的,诊断疾病的以及控制太空飞行器和水下机器人的具有不同程度人工智能的计算机系统。

1.3 群体智能

1.3.1 群体智能的定义及特点

正如前面所介绍的,群体智能这个概念来自对自然界中一些昆虫,如蚂蚁、蜜蜂等的观察。单只蚂蚁的智能并不高,它看起来不过是一段长着腿的神经节而已。几只蚂蚁凑到一起,就可以前往蚁穴搬运路上遇到的食物。如果是一群蚂蚁,它们就能协同工作,建起坚固、漂亮的巢穴,一起抵御危险,抚养后代。这种群居性生物表现出来的智能行为就被称为群体智能。我们可以把群体智能的定义概括如下:众多简单个体组成的群体通过相互之间的简单合作来实现某一功能,完成某一任务,达成某一目标,在此过程中所体现出来的基于群体的宏观智能行为,被称为群体智能。下面是不同的表述:

(1)群体智能这个概念来自对自然界中昆虫群体的观察,群居性生物通过协作表现出的宏观智能行为特征被称为群体智能。(百度百科)

(2)群体智能源于对以蚂蚁、蜜蜂等为代表的社会性昆虫的群体行为的研究。最早被用在细胞机器人系统的描述中。它的控制是分布式的,不存在中心控制。群体具有自组织性。(维基百科)

(3)群体智能指的是众多无智能的简单个体组成群体,通过相互间的简单合作表现出智能行为的特性。(论文《群体智能优化算法的研究进展与展望》)

群体智能源于对自然界中存在的群体行为,如大雁在飞行时自动排成人字形,蝙蝠在洞穴中快速飞行却可以互不碰撞等,这是人类在很早以前就发现的。群体中的每个个体都遵守一定的行为准则,当它们按照这些准则相互作用时就会表现出上述的复杂行为。Craig Reynolds 在 1986 年提出一个仿真生物群体行为的模型——BOID。这是一个人工鸟系统,其中每只人工鸟被称为一个 BOID,它有三种行为,即分离、列队及聚集,并且能够感知周围一定范围内其他 BOID 的飞行信息。每个

BOID 根据该信息,结合其自身当前的飞行状态,并在那三条简单行为规则的指导下做出下一步的飞行决策。尽管这一模型出现在 1986 年,但是群体智能概念被正式提出的时间并不长。一个显著的标志是 1999 年由 Eric Bonabeau 和 Marco Dorigo 等人编写的一本专著《群体智能:从自然到人工系统》(*Swarm Intelligence*:*From Natural to Artificial System*)。

Millonas 在 1994 年提出群体智能应该遵循五条基本原则,分别为:

(1) 接近原则(Principle of Proximity),群体能够进行简单的空间和时间计算;

(2) 品质原则(Quality Principle),群体能够响应环境中的品质因子;

(3) 多样性反应原则(Principle of Diverse Response),群体的行动范围不应该太窄;

(4) 稳定性原则(Stability Principle),群体不应在每次环境变化时都改变自身的行为;

(5) 适应性原则(Adaptability Principle),在所需代价不太高的情况下,群体能够在适当的时候改变自身的行为。

这些原则说明实现群体智能的智能主体必须能够在环境中表现出自主性、反应性、学习性和自适应性等智能特性。但是,这并不代表群体中的每个个体都相当复杂,事实恰恰与此相反。就像单只蚂蚁智能不高一样,组成群体的每个个体都只具有简单的智能,它们通过相互之间的合作表现出复杂的智能行为。可以这样说,群体智能的核心是由众多简单个体组成的群体能够通过相互之间的简单合作来实现某一功能,完成某一任务。其中,"简单个体"是指单个个体只具有简单的能力或智能,而"简单合作"是指个体与其邻近的个体进行某种简单的直接通信或通过改变环境间接与其他个体通信,从而可以相互影响、协同动作。群体智能具有如下特点:

(1) 控制是分布式的,不存在中心控制,因而它更能够适应当前网络环境下的工作状态,并且具有较强的鲁棒性,即不会由于某一个或几个个体出现故障而影响群体对整个问题的求解。

(2) 群体中的每个个体都能够改变环境,这是个体之间间接通信的一种方式,这种方式被称为"共识主动性"(Stigmergy)。由于群体智能可以通过非直接通信的方式进行信息的传输与合作,因而随着个体数目的增加,通信开销的增幅较小,因此,它具有较好的可扩充性。

(3) 群体中每个个体的能力或遵循的行为规则非常简单,因而群体智能的实现比较方便,具有简单性的特点。

(4) 群体表现出来的复杂行为是通过简单个体的交互过程突现出来的智能(Emergent Intelligence),因此,群体具有自组织性。群体智能可以在适当的进化机制引导下通过个体交互以某种突现形式发挥作用,这是个体以及可能的个体智能难以做到的。

为了更进一步理解群体智能这个概念,下面分别从人工智能和复杂性科学的角度对这一概念进行说明。

1. 从人工智能角度

人工智能学科正式诞生于1956年，它是研究如何使机器（计算机）具有智能，特别是自然智能如何在计算机上实现或再现的学科。要进行人工智能的研究，就必然涉及什么是智能以及什么产生智能的问题。关于什么是智能，麦卡锡（J. McCarthy）给出如下定义：在现实世界中，智能是指能够实现目标的计算能力。但实际上，关于智能，至今还没有一个确切的公认的定义，因为人们还不能完全了解智能的所有产生机制。至于什么产生智能，目前有三种不同的答案，分别为物质（蛋白质）、符号和亚符号处理（信号）。由于人们对智能本质有不同的理解，所以在人工智能长期的研究过程中形成了多种不同的研究途径和方法，其中主要包括符号主义（Symbolism）、联结主义（Connectionism）和行为主义（Behaviorism）。

符号主义是人工智能最早的研究方法，它是以符号知识为基础，通过符号推理进行问题求解而实现的智能。符号主义认为，人类智能的基本单元是符号，智能来自谓词逻辑与符号推理，其代表性成果是机器定理证明和各种专家系统。联结主义认为，智能产生于大脑神经元之间的相互作用及信息往来的过程中，因此它通过模拟大脑神经系统结构来实现智能行为，典型代表为神经网络。行为主义模拟了人在控制过程中的智能活动和行为特性，如自寻优、自适应、自学习、自组织等，强调智能主体与环境的交互作用。行为主义与符号主义、联结主义的最大区别在于它把对智能的研究建立在可观测的具体行为活动的基础上。

在行为主义人工智能系统中，每个智能主体都是在逻辑上或物理上分离的个体，它们都是某一任务的执行者，而且都具有"开放的"接口，可以与其他智能主体进行信息的交换。这些智能主体能够自适应客观环境，而不依赖于设计者制定的规则或数学模型，这种适应的实质就是该复杂系统的各要素（智能体和周围环境）之间存在精确的联系。也就是说，在行为主义人工智能系统中必然存在一些协调机制，这些协调机制可以使智能主体与外界环境相适应，使智能主体的内部状态（即智能主体所具有的几个行为，如避障、探索等）相互配合，并在多个智能主体之间产生协作。显然，协调机制的好坏直接影响智能系统的性能，因而寻找合理的协调机制成为行为主义人工智能的主要研究方向。群体智能是行为主义人工智能的一种代表性方法，上面所提特性也适用于群体智能。

设计行为主义人工智能系统的三个基本原则同样适用于群体智能系统的设计。这三个原则是简单性原则、无状态原则和高冗余性原则。其中，简单性原则是指群体中每个个体的行为应尽量简单，以使系统便于实现，而且更加可靠；无状态原则是指设计时应该使系统的内部状态与外在环境保持同步，要求所保留的状态不能在系统中长时间起作用，这就使得系统对于环境的变化和其他失误有更强的适应能力；高冗余性原则是指设计时应该使系统能够与不确定因素共存，而不是消除不确定因素，这样可使智能系统的学习和进化过程保持多样性。

2. 从复杂性科学角度

复杂性科学是研究复杂系统行为与性质的科学,其目标是解答一切常规科学范畴无法解答的问题,如人类社会组织和制度的突变,物种的起源和灭亡等,它试图找到一种对自然和人类都适用的新科学,即复杂性理论。至于什么是复杂性,圣塔菲研究所的 George A. Cowan 认为,它往往是指一些特殊系统所具有的一些现象,这些系统都由很多子系统组成,子系统之间相互作用,通过某种目前尚不清楚的自组织过程使得整个系统变得更加有序。Cowan 对复杂性的认识有如下两个关键点:一是复杂性属于某个系统的内禀性质或特征;二是这个性质是突现的,即它是不能通过子系统的性质来预测的,是自组织过程的结果。具有此类性质的系统被称为复杂适应性系统(Complex Adaptive System, CAS)。在 CAS 中,复杂的事物是由小而简单的事物发展而来的,这种现象被称为复杂系统的涌现现象,涌现的本质就是由小生大,由简入繁。

我国学者用"开放的复杂巨系统"的概念来描述具有同样一些性质的系统,这类系统包括错综复杂的社会系统、人体系统、生态环境系统等,对这些系统关键信息特征或功能特征的研究就是复杂性研究的内容,其中包括进化和共同进化特性、适应性、自组织过程、自催化过程、临界性、多层次特性、相变及混沌的边缘等,最重要的就是宏观整体的涌现性质。与笛卡儿哲学不同,复杂系统的涌现特性代表着另一种看待世界的哲学观念。以笛卡儿哲学为基础的近现代科学以及文化传统强调从上到下的还原与分析方法,强调有一个中心控制单元的结构,是一种机械的观点。而复杂性研究则强调从下到上的集成方法,强调突现,这是非笛卡儿的观点。

群体智能是对自然界中简单生物群体涌现现象的具体研究,因而它从属于复杂性研究,并且遵从非笛卡儿的哲学观念。在研究群体智能时应该采取自下而上的研究策略。

1.3.2　群体智能典型算法

群体智能是通过模拟自然界生物群体行为来实现人工智能的一种方法,它强调个体行为的简单性,群体的涌现特性,以及自下而上的研究策略。群体智能在已有的应用领域中都表现出较好的寻优性能,因而引起了相关领域研究者的广泛关注。目前对群体智能的研究仍处于初级阶段,因此它具有很大的发展潜力,无论是对群体智能理论基础的研究,还是对其应用领域的拓展都有待进一步的深入。

群体智能是受到群居昆虫群体和其他动物群体的集体行为的启发而产生的算法和解决方案的总称。研究人员通过对自然界中群体行为的观察研究,提出一些自然群体智能的模型,并将它们转化到人工群体智能设计中去。本书中的群体智能,均指人工群体智能。其中,群体是指一组结构简单且能够自治的,可进行直接或间接通信的主体。群体中的个体通过通信和合作,完成复杂的工作和任务,体现出群体行为的特性。

模拟生物蚁群智能寻优能力的蚁群算法和模拟鸟群运动模式的粒子群优化算法是群体智能中的两大类典型算法。

1. 蚁群算法

蚁群算法由 Marco. Dorigo 等人于 1991 年首先提出。该算法利用了生物蚁群能通过个体间简单的信息传递，搜索从蚁穴至食物间最短路径的集体寻优特征。蚁群寻找最短路径的过程如下：蚂蚁在经过的路径上释放出一种被称为信息素（pheromone）的特殊化学物质，当它们碰到一个还没有走过的路口时，随机地选择一条路径，并释放出信息素；由于短的路径耗费时间少，信息素累积得快，且挥发得少，因此短路径上的信息素浓度逐渐高于长路径；当后来的蚂蚁再次碰到这个路口的时候，选择信息素浓度较高路径的概率相对较大，这样就形成了一个正反馈，最终获得最短路径。

由于上述过程与旅行商问题（Traveling Salesman Problem，TSP）求解具有相似性，因此设计蚁群算法最初用于解决 TSP。每个蚂蚁 k 从城市 i 到 j，需要同时考虑距离密度 η_{ij} 和信息素量 $\tau_{ij}(t)$，根据如下公式，计算蚂蚁 k 在时刻 t 从 i 到 j 的状态转移概率值：

$$p_{kij}(t) = \frac{[\tau_{ij}(t)]^\alpha \cdot [\eta_{ij}]^\beta}{\sum_{l \in J_k} [\tau_{il}(t)]^\alpha \cdot [\eta_{il}]^\beta} \tag{1.1}$$

其中 $\tau_{ij}(t)$ 为 t 时刻路径 (i,j) 上的信息素量；η_{ij} 为距离密度，其值为城市 i 和 j 之间距离 d_{ij} 的倒数，即 $\eta_{ij} = 1/d_{ij}$；α 为信息启发因子，表示路径的相对重要性，反映了蚂蚁在运动路径上所积累的信息素量在蚂蚁运动时所起的作用，其值越大，则该蚂蚁越倾向于选择其他蚂蚁经过的路径，蚂蚁之间协作性越强；β 为期望启发式因子，表示能见度的相对重要性，反映了启发信息在蚂蚁选择路径时受重视程度，其值越大，则该状态转移概率计算规则越接近于贪心规则；l 表示蚂蚁 k 下一步选择的城市，J_{ki} 为蚂蚁 k 从城市 i 可到达到的所有城市的集合。

对于信息素量 $\tau_{ij}(t)$，要先计算每次迭代（所有蚂蚁完成一次旅行）在路径上留下的信息素：

$$\Delta\tau_{kij}(t) = \begin{cases} Q/L_k(t) & if(i,j) \in T_k(t); \\ 0 & if(i,j) \notin T_k(t) \end{cases} \tag{1.2}$$

其中 Q 为常量，表示信息素强度，它在一定程度上影响算法的收敛速度；$T_k(t)$ 为一次完成的循环路径；$L_k(t)$ 为蚂蚁 k 在本次循环中所走路径的总长度。

再引入信息素衰减系数，计算 t 次迭代后的信息素量：

$$\tau_{ij}(t) \leftarrow (1-\rho) \cdot \tau_{ij}(t) + \Delta\tau_{ij}(t) \tag{1.3}$$

其中 $\Delta\tau_{ij}(t) = \sum_{k=1}^{m} \Delta\tau_{kij}(t)$，$\rho$ 为信息素衰减系数，$1-\rho$ 表示信息素残留因子；$\Delta\tau_{kij}(t)$ 为蚂蚁 k 在本次循环中留在路径 (i,j) 上的信息素；m 为蚁群中蚂蚁的总数量；$\Delta\tau_{ij}(t)$ 为本次循环中路径 (i,j) 上的信息素增量。

蚁群算法是目前仿生类算法研究中比较热门的一个算法。很多学者对此算法进行了深入的研究和改进。目前,蚁群算法已在组合优化问题求解,以及电力、通信、化工、交通、机器人、冶金等多个领域中得到应用,都表现出了令人满意的性能。

2. 粒子群优化算法

美国学者 Kennedy 和 Eberhart 受鸟群和鱼群觅食行为的启发,于 1995 年提出了粒子群优化算法。该算法通过个体之间的协作来寻找最优解,最初是为了在二维空间图形化模拟鸟群优美而不可预测的运动,后来被用于解决优化问题,是一种基于种群寻优的启发式搜索算法。其基本概念源于对鸟群群体运动行为的研究。在自然界中,尽管每只鸟的行为看起来似乎是随机的,但是它们之间却有着惊人的同步性,能够使得整个鸟群在空中的行动非常流畅优美。鸟群之所以具有这样的复杂行为,可能是因为每只鸟在飞行时都遵循一定的行为准则,并且能够了解其邻域内其他鸟的飞行信息。粒子群优化算法的提出就是借鉴了这样的思想。在粒子群优化算法中,每个粒子代表待求解问题的一个潜在解,它相当于搜索空间中的一只鸟,其"飞行信息"包括位置和速度两个状态量。每个粒子都可获得其邻域内其他粒子个体的信息,并可根据该信息以及简单的位置和速度更新规则,改变自身的状态量,以便更好地适应环境。随着这一过程的进行,粒子群最终能够找到问题的近似最优解。由于粒子群优化算法概念简单,易于实现,并且具有较好的寻优特性,因此它在短期内得到迅速发展。粒子群优化算法是一种基于种群的迭代搜索算法,种群内的个体(粒子)不断追随最优个体进行寻优搜索。算法首先在搜索空间内随机初始化一群粒子,每个粒子的位置是优化问题的一个解,将其带入目标函数计算出适应值,再根据此适应值的大小来衡量粒子的优劣。每个粒子的速度决定了其运动的方向和步长,粒子根据本身的记忆信息和整个种群的共享信息,不断更新自己的速度和位置,去试探搜索空间内的不同解。在迭代过程中,每个粒子更新速度时,总是在原有速度的基础上调整以趋向于两个位置,一个是粒子本身目前所找到的最优解(用 pbest 表示),另一个是整个种群目前找到的最优解(用 gbest 表示),并期望在向两个位置移动的过程中发现更好的解,以取代 pbest 或 gbest,通过种群中粒子的不断交互,逐渐收敛到最优解。由于粒子群算法出色的性能,目前已在许多领域中得到应用,如函数优化、神经网络训练、模糊系统控制、电力系统优化、TSP 求解、神经网络训练、交通事故探测、参数辨识、模型优化等。

PSO 算法基本思想是将优化问题的每个解都看作是搜索空间中的一个个体,称之为"粒子"。每个粒子都有一个由目标函数决定的适应值,并以一个速度矢量决定其移动的方向和距离。假定粒子知道它到目前为止发现的最好位置以及整个群体中所有粒子发现的最好位置。基本粒子群算法表述如下:

$$S(k+1) = S(k) + v(k) \tag{1.4}$$

$$v(k+1) = w \cdot v(k) + a_1 \{S_{pbest}(k) - S(k)\} + a_2 \{S_{gbest}(k) - S(k)\} \tag{1.5}$$

其中,k 的群体中的第 k 的粒子;S 为位置矢量;v 为粒子速度矢量;w 为惯性权重因子,其范围是$(0, 1)$;a_1、a_2 为权重因子,取值范围是$(0, a_{1max})$和$(0, a_{2max})$。

自 Eberhart 与 Kennedy 提出 PSO 算法之后，出现了大量关于改进 PSO 算法的论文，包括杂交 PSO 算法（Hybrid PSO，HPSO）、延伸 PSO 算法（Stretched PSO，SPSO）、复合 PSO 算法（Composite PSO，CPSO）、离散二进制 PSO 算法（Discrete Binary Version of the Particle Swarm Optimization Algorithm）、自适应 PSO 算法、协同 PSO（Cooperative Particle Swarm Optimization）算法等。

1.3.3 群体智能的应用

群体智能作为一门新兴学科，其算法及思想已在很多领域得到了应用，主要包括：

（1）组合优化问题的求解：应用于旅行商问题、二次指派、车间调度、序列求序、图形着色、面向连接网络路由以及无连接网络路由等组合优化问题。

（2）群体机器人：研究分布式自治机器人群体的协调动作及其之间的通信，通过多台机器人的并列处理来提高工作效率，并减少局部故障对整体的影响。

（3）网页文档分类：模拟真实蚂蚁进行幼仔分类或集体觅食的行为，对 Web 信息进行检索，从中过滤出用户所需的内容。

（4）数据挖掘：研究群体智能算法及思想在分类与预测、聚类分析等方面的应用，构建数据挖掘新算法，这也是本书的主要内容之一。

1.4 本章小结

本章通过对群体、智能等相关概念以及群体的涌现特征的阐述，进而引出了群体智能的定义，通过两个典型的群体智能算法，简要说明了群体智能主要的应用思路，并概括介绍了群体智能的主要应用领域。

（1）群体是指具备独立行为能力的简单个体所构成的集合，个体通过相互之间的简单合作完成整体行为，来实现某一功能，完成某一任务。

（2）涌现是指推演一个复杂系统中某些新的、相关的结构、模式和性质（或者行为）的过程。这些结构、模式和性质在没有任何协调控制系统下共存，但是从具有局部环境的（潜在自适应的）个体相互作用中涌现。

（3）智能是知识与智力的总和。知识是一切智能行为的基础；而智力是获取知识并运用知识求解问题的能力，是头脑中思维活动的具体体现。

（4）众多简单个体组成的群体通过相互之间的简单合作来实现某一功能，完成某一任务，达成某一目标，在此过程中所体现出来的基于群体的宏观智能行为，被称为群体智能。

（5）群体智能是受到群居昆虫群体和其他动物群体的集体行为的启发而产生的算法和解决方案的总称。模拟生物蚁群智能寻优能力的蚁群算法和模拟鸟群运动模式的粒子群优化算法，是群体智能中的两大类典型算法。

（6）群体智能作为一门新兴学科，其算法及思想已在很多领域得到了应用。

习 题

1. 什么是群体？
2. 什么是群体中的涌现现象？
3. 什么是智能？
4. 什么是群体智能？
5. 群体智能典型算法有哪两大类？

数据挖掘

2.1 基本概念

2.1.1 什么激发数据挖掘？ 为什么它是重要的？

需要是发明之母。近年来，数据挖掘引起了信息产业界的极大关注，其主要原因是存在大量数据，可以广泛使用，并且迫切需要将这些数据转换成有用的信息和知识。获取的信息和知识可以广泛用于各种应用，包括商务管理、生产控制、市场分析、工程设计和科学探索等。

随着信息采集和存储技术的日益发展和成熟，以及计算机、数据收集设备和存储介质在各个行业的广泛应用，人们获取了海量的原始数据，并且数据量在持续快速地增长。早在 20 世纪 80 年代，据粗略估算，全球信息量每隔 20 个月就增加一倍；而进入 90 年代，全世界所拥有的数据库及其所存储的数据规模增长更快。一个中等规模企业每天要产生 100MB 以上来自生产经营等多方面的商业数据。美国政府部门的一个典型大数据库每天要接收大约 5TB(TeraByte)数据量，在 15s 到 1min 时间里要维持的数据量达到 300TB，存档数据量达 15～100PB(PetaByte)。在科研方面，以美国宇航局的数据库为例，每天从卫星下载的数据量就达 3～4TB 之多。20 世纪 90 年代互联网的出现与发展，以及随之而来的企业内部网、企业外部网及虚拟私有网的产生和应用，使整个世界互联形成一个小小的"地球村"，人们可以跨越时空地在网上交换信息和协同工作。这样，展现在人们面前的已不是局限于本部门、本单位和本行业的庞大数据库，而是浩瀚无垠的信息海洋。据估计，1993 年全球数据存储容量约为 2000TB，到 2000 年增加到 300 万 TB，面对这极度膨胀的数据信息量，人们受到"信息爆炸"和"数据过剩"的巨大压力。

然而，人类的各项活动都是基于人类的智慧和知识，做出正确的判断和决策以及采取正确的行动；而数据仅仅是人们用各种工具和手段观察外部世界所得到的原始材料，它本身没有任何意义。从数据到知识到智慧，需要经过分析、加工、处理、精炼等过程。对如此大量的数据进行分析，从中发现有价值的信息和知识，已经远远超出了人的能力。为了解决"丰富的数据，贫乏的知识"的问题，满足人们对强有力的数据分析工具的需求，数据挖掘技术应运而生。数据挖掘技术采用自动或半自动的方法和过程，在海量数据中发现隐含的、未知的和有潜在用途的知识。近年来，数据挖掘引起了信息产业界的极大关注，数据挖掘技术得以不断地发展，并在商务管理、生产控制、市场分析、工程设计和科学探索等领域得到了广泛的应用。

数据挖掘是信息技术自然进化的结果。进化过程的见证是数据库工业界开发以下功能（见图 2.1）：数据收集和数据库创建，数据管理（包括数据存储和提取，数据库事务处理），以及数据分析与理解（涉及数据仓库和数据挖掘）。例如，数据收集和数据库创建机制的早期开发已成为稍后数据存储和提取、查询和事务处理有效机制开发的必备基础。随着提供查询和事务处理的大量数据库系统广泛付诸实践，数据分析与理解自然成为下一个目标。

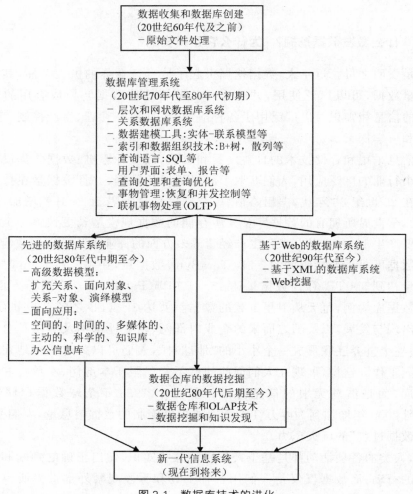

图 2.1　数据库技术的进化

自 20 世纪 60 年代以来，数据库和信息技术已经系统地从原始的文件处理进化到复杂的、功能强大的数据库系统。自 20 世纪 70 年代以来，数据库系统的研究和开发已经从层次和网状数据库系统发展到关系数据库系统、数据建模工具、索引和数据组织技术。此外，用户通过查询语言、用户界面、查询处理和查询优化、事务管理，可以方便、灵活地访问数据。联机事务处理（OLTP）将查询看作只读事务，对于关系技术的发展和广泛地将关系技术作为大量数据的有效存储、提取和管理的主要工具做出了重要贡献。

自 20 世纪 80 年代中期以来,数据库技术的特点是广泛接受关系技术,研究和开发新的、功能强大的数据库系统。这些使用了先进的数据模型,如扩充关系、面向对象、对象-关系和演绎模型。包括空间的、时间的、多媒体的、主动的和科学的数据库、知识库、办公信息库在内的面向应用的数据库系统百花齐放。涉及分布性、多样性和数据共享问题被广泛研究。异种数据库和基于 Internet 的全球信息系统,如万维网(WWW)也已出现,并成为信息工业的生力军。

在过去的 30 多年中,计算机硬件稳定的、令人吃惊的进步,导致了功能强大的计算机、数据收集设备和存储介质的大量供应。这些技术大大推动了数据库和信息产业的发展,使得大量数据库和信息存储用于事务管理、信息提取和数据分析。

现在,数据可以存放在不同类型的数据库中。最近出现的一种数据库结构是数据仓库。这是一种多个异种数据源在单个站点以统一的模式组织的存储,以支持管理决策。数据仓库技术包括数据清理、数据集成和联机分析处理(OLAP)。OLAP 是一种分析技术,具有汇总、合并和聚集功能,以及从不同的角度观察信息的能力。尽管 OLAP 工具支持多维分析和决策,对于深层次的分析,如数据分类、聚类和数据随时间变化的特征,仍然需要其他分析工具。

数据丰富,伴随着对强有力的数据分析工具的需求,被描述为"数据丰富,但信息贫乏"。快速增长的海量数据被收集、存放在大型和大量数据库中,没有强有力的工具,理解它们已经远远超出了人的能力。结果,收集在大型数据库中的数据变成了"数据坟墓"——难得再访问的数据档案。这样,重要的决定常常不是基于数据库中信息丰富的数据,而是基于决策者的主观,因为决策者缺乏从海量数据中提取有价值知识的工具。此外,考虑当前的专家系统技术。通常,这种系统依赖用户或领域专家人工地将知识输入知识库。不幸的是,这一过程常常有偏差和错误,并且耗时、费用高。数据挖掘工具进行数据分析,可以发现重要的数据模式,对商务决策、知识库、科学和医学研究做出了巨大贡献。数据和信息之间的鸿沟要求系统地开发数据挖掘工具,将数据坟墓转换成知识"金库"。

数据挖掘是一个多学科交叉的应用领域,这些交叉学科包括:数据库系统、机器学习、统计学、可视化和信息科学。此外,因数据挖掘任务不同,数据挖掘系统还可能采用其他学科的一些技术方法,如:神经网络、模糊逻辑、粗糙集、知识表示、推理逻辑编程或高性能计算等。根据所挖掘的数据和挖掘应用背景,数据挖掘系统还可能集成其他领域的一些技术方法,其中包括:空间数据分析、信息检索、模式识别、图像分析、信号处理、计算机图形学、互联网技术、经济学、心理学等。通过如此丰富的技术手段,数据挖掘可以获取有价值的领域知识,并可从不同应用角度对知识进行查看和管理。数据挖掘已成为数据库系统理论研究的热点,并在信息产业各领域的应用中发挥着日益重要的作用。

2.1.2 什么是数据挖掘?

简单地说,数据挖掘是从大量数据中提取或"挖掘"知识。该术语实际上有点用词不当。注意,从砂子或矿石中挖掘黄金被称作黄金挖掘,而不是砂石挖掘。这样,数据挖掘应当更正确地命名为"从数据中挖掘知识",不幸的是它有点长。"知识挖掘"是一个短术语,可能不能强调从大量数据中挖掘。毕竟,挖掘是一个很生动的术语,它抓住了从大量的、未加工的材料中发现少量金块这一过程的特点。这样,这种用词不当携带了"数据"和"挖掘",成了流行的选择。还有一些术语,具有和数据挖掘类似,但稍有不同的含义,如数据库中知识挖掘、知识提取、数据/模式分析、数据考古和数据捕捞。

许多人把数据挖掘视为另一个常用的术语"数据库知识发现"的同义词。而另一些人只是把数据挖掘视为数据库知识发现过程的一个基本步骤。当把数据挖掘用来指代数据库知识发现(Knowledge Discovery in Database,KDD),其基本过程如图 2.2 所示。

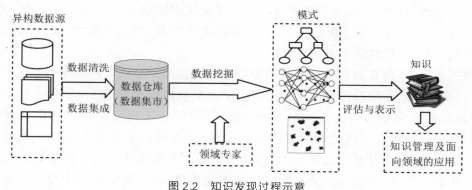

图 2.2 知识发现过程示意

从数据和知识的存在形态来看,其在知识发现的整个过程中是从异构数据源—数据仓库(数据集市)—模式—知识的变化过程,经过了数据清洗和集成、数据挖掘、模式评估和表示以及知识管理和面向领域的应用等步骤。

数据清洗和集成:数据可以来源于不同结构的数据库或数据集,例如不同的关系型数据库、文本数据库、多媒体数据以及互联网信息等,且其中往往包含不完整、不一致的数据或者噪声数据。数据清洗和集成的作用就是清除噪声数据并将各种数据源中的数据组合到一起,构建成数据仓库或与挖掘主题相关的数据集市。

数据挖掘:是知识发现过程的关键步骤,利用智能方法从数据仓库或数据集市中挖掘出数据模式和规律。通常根据数据挖掘任务对数据仓库中的历史数据进行采样,并分为训练集和测试集两部分,分别用于模型的建立和测试,最后应用建立的模型对新数据进行预测和分析,过程如图 2.3 所示。根据挖掘主题和应用领域的不同,有时需要领域专家的参与。

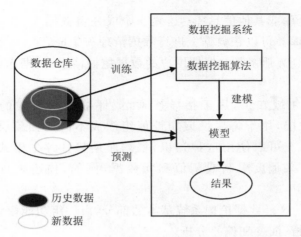

图 2.3　数据挖掘过程示意

模式评估和表示：从是否易于理解，是否有潜在价值，是否有效，是否新颖等角度，对挖掘出的模式进行评估，得到兴趣度高的知识，并利用可视化和知识表达技术，将其展示给用户。

知识管理和面向领域的应用：用户可以通过良好的人机界面，对知识进行查询和管理，并针对不同的领域需求进行应用。

数据挖掘步骤可以与用户或知识库交互。有趣的模式提供给用户，或作为新的知识存放在知识库中。注意，根据这种观点，数据挖掘只是整个过程中的一步，不过是最重要的一步，因为它发现隐藏的模式。

我们同意数据挖掘是知识发现过程中的一个步骤。然而，在工业界、媒体和数据库研究界，"数据挖掘"比稍长的术语"数据库知识发现"更流行。因此，在本书中，我们选用术语"数据挖掘"。我们采用数据挖掘的广义观点：数据挖掘是挖掘存放在数据库、数据仓库或其他信息库中的大量数据的有趣知识的过程。

基于这种观点，典型的数据挖掘系统具有以下主要成分(见图 2.4)。

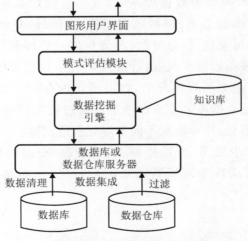

图 2.4　典型的数据挖掘系统结构

数据库、数据仓库或其他信息库：这是一个或一组数据库、数据仓库、展开的表、或其他类型的信息库。可以在数据上进行数据清理和集成。

数据库或数据仓库服务器：根据用户的数据挖掘请求，数据库或数据仓库服务器负责提取相关数据。

知识库：这是领域知识，用于指导搜索，或评估结果模式的兴趣度。这种知识可能包括概念分层，用于将属性或属性值组织成不同的抽象层。用户确信的知识也可以包含在内。可以使用这种知识，根据非期望性评估模式的兴趣度。领域知识的其他例子有兴趣度限制或阈值和元数据（例如，描述来自多个异种数据源的数据）。

数据挖掘引擎：这是数据挖掘系统基本的部分，由一组功能模块组成，用于特征、关联、分类、聚类分析、演变和偏差分析。

模式评估模块：通常，该部分使用兴趣度度量，并与挖掘模块交互，以便将搜索聚焦在有趣的模式上。它可能使用兴趣度阈值过滤发现的模式。模式评估模块也可以与挖掘模块集成在一起，这依赖于所用的数据挖掘方法的实现。对于有效的数据挖掘，建议尽可能地将模式评估推进到挖掘过程之中，以便将搜索限制在有兴趣的模式上。

图形用户界面：该模块在用户和挖掘系统之间通信，允许用户与系统交互，指定数据挖掘查询或任务，提供信息，帮助搜索聚焦，根据数据挖掘的中间结果进行探索式数据挖掘。此外，该成分还允许用户浏览数据库和数据仓库模式或数据结构，评估挖掘的模式，以不同的形式对模式可视化。

从数据仓库观点，数据挖掘可以看作联机分析处理（OLAP）的高级阶段。然而，通过结合更高级的数据理解技术，数据挖掘比数据仓库的汇总型分析处理走得更远。尽管市场上已有许多"数据挖掘系统"，但是并非所有的都能进行真正的数据挖掘。不能处理大量数据的数据分析系统，最多被称作机器学习系统、统计数据分析工具或实验系统原型。一个系统只能够进行数据或信息提取，包括在大型数据库找出聚集值或回答演绎查询，应当归类为数据库系统，或信息提取系统，或演绎数据库系统。数据挖掘涉及多学科技术的集成，包括数据库技术、统计、机器学习、高性能计算、模式识别、神经网络、数据可视化、信息提取、图像与信号处理和空间数据分析。在本书讨论数据挖掘时，我们采用数据库观点，着重强调大型数据库中有效的和可规模化的数据挖掘技术。一个算法是可规模化的，如果给定内存和磁盘空间等可利用的系统资源，其运行时间应当随数据库大小线性增加。通过数据挖掘，可以从数据库提取有趣的知识、规律或高层信息，并可以从不同角度观察或浏览。

发现的知识可以用于决策、过程控制、信息管理、查询处理等。因此，数据挖掘被信息产业界认为是数据库系统极其重要的前沿之一，是信息产业最有前途的交叉学科。

2.2　数据挖掘的数据基础

2.2.1　数据挖掘在何种数据上进行

本节,我们考察可以进行挖掘的各种数据存储。原则上讲,数据挖掘可以在任何类型的信息存储上进行。这包括关系数据库、数据仓库、事务数据库、先进的数据库系统、一般文件和 WWW。先进的数据库系统包括:面向对象和对象－关系数据库;面向特殊应用的数据库,如空间数据库、时间序列数据库、文本数据库和多媒体数据库。挖掘的挑战和技术可能因存储系统而异。

尽管本书假定读者具有信息系统的基本知识,我们还是对以上提到的主要数据存储系统做简要介绍。本节,我们还将介绍编造的 AllElectronics 商店,它在本书各处用来解释概念。

2.2.2　关系数据库

数据库系统,也称数据库管理系统(DBMS),由一组内部相关的数据,称作数据库,和一组管理和存取数据的软件程序组成。软件程序涉及如下机制:数据库结构定义,数据存储,并行、共享或分布的数据访问,面对系统瘫痪或未授权的访问,确保数据的一致性和安全性。

关系数据库是表的集合,每个表都被赋予一个唯一的名字。每个表包含一组属性(列或字段),并通常存放大量元组(记录或行)。关系中的每个元组代表一个被唯一关键字标识的对象,并被一组属性值描述。语义数据模型,如实体－联系(E－R)数据模型,将数据库作为一组实体和它们之间的联系进行建模。通常为关系数据库构造 E－R 模型。

考虑下面的例子。

例 2.1　AllElectronics 公司由下列关系表描述:customer,item,employee 和 branch。这些表的片段在图 2.5 中给出。

● 关系 customer 由一组属性,包括顾客的唯一标识号(cust_ID),顾客的姓名、地址、年龄、职业、年收入、信誉信息、分类等。

● 类似地,关系 employee,branch 和 item 的每一个都包含一组属性,描述它们的性质。

● 表也用于表示多个关系表之间的联系。对于我们的例子,包括 purchase(顾客购买商品,创建一个由雇员处理的销售事务)和 work_at(雇员在哪一个分店工作)。

关系数据可以通过数据库查询访问。数据库查询使用如 SQL 这样的关系查询语言,或借助于图形用户界面书写。在后者,用户可以使用菜单指定包含在查询中的属性和属性上的限制。一个给定的查询被转换成一系列关系操作,如连接、选择和投影,

customer

cast_ID	name	address	age	income	credit_info	…
C1	Smith，Sandy	4563 E. Hastings，Burnaby， BC，V5A 4S9，Canada	21	$ 27000	1	…
…	…	…	…	…	…	…
…	…	…	…	…	…	…

item_ID	name	brand	category	type	price	place_made	supplier	cost
13	high_res TV	Toshiba	high resolution	TV	$ 988.00	Japan	Niko X	$ 600.00
18	mutidisc	Sanyo	mutidisc	CD player	$ 369.00	Japan	Music Front	$ 120.00
…	CDplay	…	…	…	…	…	…	…

employee

empl_ID	name	category	group	salary	commission
E35	Jones，Jane	home entertainment	manager	$ 18,000	2%
…	…	…	…	…	..

branch

branch_ID	name	address
B1	City Square	369 Cambie St.，Vancouver，BC V5L 3A2，Canada
…	…	…

purchases

trans_ID	cast_ID	empl_ID	date	time	method_paid	amount
T100	C1	E55	09/21/98	15:45	Visa	$ 1357.00
…	…	…	…	…	…	…

items_sold

trans_ID	item_ID	qty
T100	13	1
T100	18	2
…	…	…

works_at

empl_ID	brabch_ID
E55	B1
…	…

图 2.5　AllElectronics 关系数据库的关系片段

并被优化,以便有效地处理。查询可以提取数据的一个指定的子集。假定你的工作是分析 AllElectronics 的数据。通过使用关系查询,你可以提这样的问题:"显示一个上个季度销售的商品的列表"。关系查询语言也可以包含聚集函数,如 sum,avg(平均),count,max(最大)和 min(最小)。这些使得你可以问"给我显示上个月的总销售,按分店分组",或"多少销售事务出现在 12 月份?",或"哪一位销售人员的销售额最高?"。

当数据挖掘用于关系数据库时,你可以进一步搜索趋势或数据模式。例如,数据挖掘系统可以分析顾客数据,根据顾客的收入、年龄和以前的信誉信息预测新顾客的信誉风险。数据挖掘系统也可以检测偏差,例如与以前的年份相比,哪种商品的销售出人预料。这种偏差可以进一步考察(例如,包装是否有变化,或价格是否大幅度提高?)。

关系数据库是数据挖掘的最流行的、最丰富的数据源,因此它是我们数据挖掘研究的主要数据形式。

2.2.3 数据仓库

假定 AllElectronics 是一个成功的跨国公司,分部遍及世界。每个分部有自己的一组数据库。AllElectronics 的总裁要你提供公司第三季度每种商品、每个分部的销售分析。这是一个困难的任务,特别是当相关数据散布在多个数据库,存放在物理相对独立的许多站点时。

如果 AllElectronics 有一个数据仓库,该任务将是容易的。数据仓库是将从多个数据源收集的信息存储、存放在一个一致的模式下,并通常驻留在单个站点。数据仓库通过数据清理、数据变换、数据集成、数据装入和定期数据刷新构造。图 2.6 给出了 AllElectronics 的数据仓库的基本结构。

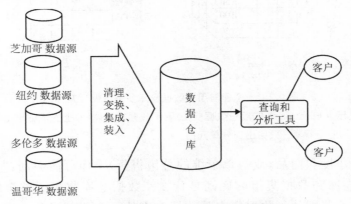

图 2.6　AllElectronics 典型的数据仓库结构

为便于制定决策,数据仓库中的数据围绕诸如顾客、商品、供应商和活动等主题组织。数据存储,从历史的角度(如过去的 5～10 年)提供信息,并且是汇总的。例如,数据仓库不是存放每个销售事务的细节,而是存放每个商店,或(汇总到较高层次)每个销售地区每类商品的销售事务汇总。

通常,数据仓库用多维数据库结构建模。其中,每个维对应于模式中一个或一组属性,每个单元存放聚集度量,如 count 或 sales_amount。数据仓库的实际物理结构可以是关系数据存储或多维数据立方体。它提供数据的多维视图,并允许快速访问预计算的和汇总的数据。

例 2.2 AllElectronics 的汇总销售数据立方体在图 2.7(a)中。该数据立方体有三个维:address(城市值:芝加哥,纽约,蒙特利尔,温哥华),time(季度值 Q1,Q2,Q3,Q4)和 item(商品类型值:家庭娱乐、计算机、电话、安全)。存放在立方体的每个单元中的聚集值是 sales_amount(单位:千美元)。例如,安全系统第一季度在温哥华的总销售额为 400000 美元,存放在单元(Vancouver,Q1,安全)中。其他立方体可以用于存放每个维上的聚集和,对应于使用不同的 SQL 分组得到的聚集值(例如,每个城市

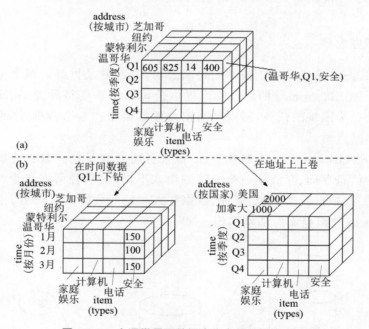

图 2.7 一个通常用于数据仓库多维数据立方体

(a)展示 AllElectronics 的汇总数据;(b)展示数据立方体(a)上的下钻与上卷结果

注: 为便于观察,只给出部分单元值。

和季度,或每个季度和商品,或每单个维的总销售额)。你可能会问:"我还听说过数据集市。数据仓库和数据集市的区别是什么?"数据仓库收集了整个组织的主题信息,因此它是企业范围的。数据集市是数据仓库的一个部门子集。它聚焦在选定的主题上,是部门范围的。

通过提供多维数据视图和汇总数据的预计算,数据仓库非常适合联机分析处理。OLAP 操作使用数据的领域背景知识,允许在不同的抽象层提供数据。这些操作适

合不同的用户。OLAP 操作的例子包括下钻和上卷,它们允许用户在不同的汇总级别观察数据,如图 2.7(b)所示。例如,可以对按季度汇总的销售数据下钻,观察按月汇总的数据。类似地,可以对按城市汇总的销售数据上卷,观察按国家汇总的数据。

尽管数据仓库工具对于支持数据分析是有帮助的,但是仍需要更多的数据挖掘工具,以便进行更深入的自动分析。

2.2.4 事务数据库

一般地,事务数据库由一个文件组成,其中每个记录代表一个事务。通常,一个事务包含一个唯一的事务标识号(trans_ID)和一个组成事务的项的列表(如在商店购买的商品)。事务数据库可能有一些与之相关联的附加表,包含关于销售的其他信息,如事务的日期、顾客的 ID、销售者的 ID、销售分店,等等。

例 2.3 事务可以存放在表中,每个事务一个记录。AllElectronics 销售事务数据库的片段在图 2.8 中给出。从关系数据库的观点,图 2.8 的 sales 表是一个嵌套的关系,因为属性"list of item_ID"包含 item 的集合。由于大部分关系数据库系统不支持嵌套关系结构,事务数据库通常存放在一个类似于图 2.8 所示的表格式一般文件中,或展开到类似于图 2.5 的 items_sold 表的标准关系中。

sales

trans_ID	list of item_ID
T100	I1,I3,I8,I16
...	...

图 2.8 AllElectronics 销售事务数据库的片段

作为 AllElectronics 数据库的分析者,你想问"显示 Sandy Smith 购买的所有商品"或"有多少事务包含商品号 I3?"。回答这种查询可能需要扫描整个事务数据库。

假定你想更深地挖掘数据,问"哪些商品适合一块销售?"这种"购物篮分析"使你能够将商品捆绑成组,作为一种扩大销售的策略。例如,给定打印机与计算机经常一起销售的知识,你可以向购买选定计算机的顾客提供一种很贵的打印机的折扣,希望销售更多较贵的打印机。常规的数据提取系统不能回答上面这种查询。然而,通过识别频繁一块销售的商品,事务数据的数据挖掘系统可以做到。

2.2.5 高级数据库系统和高级数据库应用

关系数据库系统广泛地用于商务应用。随着数据库技术的发展,各种先进的数据库系统已经出现并在开发中,以适应新的数据库应用需要。新的数据库应用包括处理空间数据(如地图)、工程设计数据(如建筑设计、系统部件、集成电路)、超文本和多媒体数据(包括文本、图像和声音数据)、时间相关的数据(如历史数据或股票交换数据)和万维网(Internet 使得巨大的、广泛分布的信息存储可以利用)。这些应用需要有效的数据结构和可规模化的方法,处理复杂的对象结构、变长记录、半结构化或无结构的数据,文本和多媒体数据,以及具有复杂结构和动态变化的数据库模式。

为响应这些需求,开发了先进的数据库系统和面向特殊应用的数据库系统。这些包括面向对象和对象—关系数据库系统、空间数据库系统、时间和时间序列数据库系统、异种和遗产数据库系统、基于万维网的全球信息系统。

虽然这样的数据库或信息存储需要复杂的机制,以便有效地存储、提取和更新大量复杂的数据,但它们也为数据挖掘提供了肥沃的土壤,提出了挑战性的研究和实现问题。

2.3　数据挖掘功能分类

数据挖掘功能用于指定数据挖掘任务中要找的模式类型。数据挖掘任务一般可以分两类:描述性挖掘任务和预测性挖掘任务。描述性挖掘任务刻画数据库中数据的一般特性,预测性挖掘任务根据从当前数据中获取的知识进行推断及预测。数据挖掘的主要功能包括:概念描述、分类和预测、聚类分析、关联规则分析、孤立点分析以及演变分析等。所采用的方法和算法根据数据挖掘任务的不同而多种多样。目前比较成熟的方法有用于关联知识分析的 Apriori 算法,用于分类知识分析的决策树方法、遗传算法、神经网络,用于聚类分析的划分方法等。数据挖掘功能及其可以发现的模式类型介绍如下。

2.3.1　概念或类描述:特征和区分

数据库中存储的往往是微观的海量记录,而用户通常需要对数据的宏观描述,这就需要从相互关联的数据中提取出汇总的、简洁的、精确的类或概念的描述,概括出一类数据的特征和概貌,或者对多个类进行对比和区分。概念描述产生数据的特征化和比较描述,特征化提供给定数据集的一般特征或特性的简洁汇总,而概念或类的比较提供两个或多个数据集的比较描述。

数据的概念描述可以通过下述方法得到:①数据特征化,汇总所研究类的数据;②数据区分,将目标类与一个或多个比较类进行比较;③数据特征化和比较的方法相结合。

数据特征的输出可以用多种形式提供,包括饼图、条图、曲线、多维数据立方体和多维数据表。结果描述也可以用概化关系或规则形式提供。数据比较描述的输出形式类似于特征描述,但区分描述应当包括比较度量,帮助区分目标类和对比类。

数据可以与类或概念相关联。例如,在 AllElectronics 商店,销售的商品类包括计算机和打印机,顾客概念包括 bigSpenders 和 budgetSpenders。用汇总的、简洁的、精确的方式描述每个类和概念可能是有用的。这种类或概念的描述称为类或概念描述。这种描述可以通过下述方法得到:①数据特征化,一般地汇总所研究类(通常称为目标类)的数据;②数据区分,将目标类与一个或多个比较类(通常称为对比类)进行比较;③数据特征化和数据区分。

数据特征是目标类数据的一般特征或特性的汇总。通常,用户指定类的数据通过数据库查询收集。例如,为研究上一年销售增加10%的软件产品的特征,可以通过执行一个SQL查询收集关于这些产品的数据。

有许多有效的方法,将数据特征化和汇总。例如,基于数据立方体的OLAP上卷操作可以用来执行用户控制的、沿着指定维的数据汇总。面向属性的归纳技术可以用来进行数据的泛化和特征化,而不必一步步地与用户交互。

数据特征的输出可以用多种形式提供,包括饼图、条图、曲线、多维数据立方体和包括交叉表在内的多维表。结果描述也可以用泛化关系或规则(称作特征规则)形式提供。

例2.4 数据挖掘系统应当能够产生一年之内在AllElectronics花费1000美元以上的顾客汇总特征的描述。结果可能是顾客的一般轮廓,如年龄在40～50岁有工作,有很好的信誉度。系统将允许用户在任意维下钻,如在occupation下钻,以便根据他们的职业来观察这些顾客。

数据区分是将目标类对象的一般特性与一个或多个对比类对象的一般特性比较。目标类和对比类由用户指定,而对应的数据通过数据库查询提取。例如,你可能希望将上一年销售增加10%的软件产品与同一时期销售至少下降30%的那些产品进行比较。用于数据区分的方法与用于数据特征的那些类似。

"区分描述如何输出?"输出的形式类似于特征描述,但区分描述应当包括比较度量,帮助区分目标类和对比类。用规则表示的区分描述被称为区分规则。用户应当能够对特征和区分描述的输出进行操作。

例2.5 数据挖掘系统应当能够比较两组AllElectronics顾客,如定期(每月多于2次)购买计算机产品的顾客和偶尔(即每年少于3次)购买这种产品的顾客。结果描述可能是一般的比较轮廓,如经常购买这种产品的顾客80%在20～40岁,受过大学教育;而不经常购买这种产品的顾客60%或者太老,或者太年轻,没有学士学位。沿着维下钻,如沿occupation,或添加新的维,如income_level,可以帮助发现两类之间的更多区分特性。

2.3.2 分类和预测

分类是数据挖掘中一项非常重要的任务,目前在商业上应用最多。分类的目的是提取出一个分类函数或分类模型(也常常称为分类器),该模型能够把数据库中的数据项映射到给定类别中的某一个。由于每个训练样本的类标号已知,所以分类一般被称为有指导的学习。

分类器的构造方法有统计方法、机器学习方法、神经网络方法等。统计方法包括贝叶斯法和非参数法,对应的知识表示则为判别函数和原型事例。机器学习方法包括决策树法和规则归纳法,前者对应的表示为决策树或判别树,后者则一般为产生式规则。神经网络方法主要是反向传播算法(BP)算法,它的模型表示是前向反馈神经网络模型。另外还有较新的粗糙集方法,其知识表示是产生式规则。分类的效果一般和数据的特点有关,有的数据噪声大,有的有缺值,有的分布稀疏,有的字段或属性间相关性强,有的属性是离散的,而有的是连续值或混合式的。目前普遍认为不存在某种方法能适用于各种特点的数据。

数据分类通常包括分类器的构造和利用分类器进行预测两个步骤。第一步,选取训练数据集,对其进行分析并建立模型。第二步,使用模型对数据进行分类操作。

分类是这样的过程,它找出描述或识别数据类或概念的模型(或函数),以便能够使用模型预测类标号未知的对象。导出模型是基于对训练数据集(其类标号已知的数据对象)的分析。

"如何提供导出模型?"导出模型可以用多种形式表示,如分类(IF-THEN)规则、判定树、数学公式,或神经网络。判定树是一个类似于流程图的结构,每个节点代表一个属性值上的测试,每个分支代表测试的一个输出,树叶代表类或类分布。判定树容易转换成分类规则。当用于分类时,神经网络是一组类似于神经元的处理单元,单元之间加权连接。

分类可以用来预测数据对象的类标号。然而,在某些应用中,人们可能希望预测某些遗漏的或不知道的数据值,而不是类标号。当被预测的值是数据值时,通常被称为预测。尽管预测可以涉及数据值预测和类标号预测,通常预测限于数据值预测,并因此不同于分类。预测也包含基于可用数据的分布趋势识别。

相关分析可能需要在分类和预测之前进行,它试图识别对于分类和预测无用的属性。这些属性应当被排除。

例 2.6 假定作为 AllElectronics 的销售经理,你想根据对销售活动的反映,对商店的商品集合分成三大类:好的反映,中等反映和差的反映。你想根据商品的描述特性,如 price,brand,place_made 和 category,对这三类的每一种导出模型。结果分类将最大限度地区别每一个类,提供有组织的数据集视图。假定结果分类用判定树的形式表示。例如,判定树可能把 price 看作最能区分三个类的因素。该树可能揭示,在 price 之后,帮助进一步区分每类对象的其他特性,包括 brand 和 place_made。这样的判定树可以帮助你理解给定销售活动的影响,并帮助你设计未来更有效的销售活动。

2.3.3 聚类分析

聚类是根据数据的属性特征,将其划分为不同的数据类,使同一类别中的个体之间的相似性尽可能大,而不同类别中的个体间的相似性尽可能小。聚类分析数据对象,而不考虑已知的类标记。在机器学习中聚类被称作无监督学习,因为和分类相比,分类学习的例子或数据对象有类标记,而要聚类的例子则没有标记,需要由聚类算法来产生这种标记。聚类分析方法主要分为以下五类：划分方法、层次方法、基于密度的方法、基于网格的方法以及基于模型的方法。还有一些方法集成了其中的几种思想。

聚类分析在各个领域有着广泛的应用。在商业方面，聚类分析可以帮助市场人员发现顾客群中所存在的不同特征的组群，并可以利用购买模式来描述这些不同特征的顾客组群。在生物方面，聚类分析可以用来获取动物或植物所存在的层次结构，以及根据基因功能对其进行聚类以获得对人群中所固有的结构更深入的了解。聚类还可以从地球观测数据库中帮助识别具有相似的土地使用情况的区域。此外还可以帮助分类识别互联网上的文档，以便进行信息发现。聚类分析可以作为一个单独使用的工具，来帮助分析数据的分布，了解各数据类的特征，确定所感兴趣的数据类，以便进一步分析，同时聚类分析也可以作为其他算法的预处理步骤。

"何为聚类分析？"与分类和预测不同，聚类分析数据对象，而不考虑已知的类标号。一般地，训练数据中不提供类标号，因为不知道从何开始。聚类可以产生这种标号。对象根据最大化类内的相似性、最小化类间的相似性的原则进行聚类或分组。即对象的聚类这样形成，使得在一个聚类中的对象具有很高的相似性，而与其他聚类中的对象很不相似。所形成的每个聚类可以看作一个对象类，由它可以导出规则。聚类也便于分类编制，将观察组织成类分层结构，类似的事件组织在一起。

2.3.4 关联规则分析

关联规则分析可以从大量事务记录中发现大量数据项集之间有趣的关联。关联规则的概念由美国 IBM Almaden 研究中心的 Agrawal 等人于 1993 年提出，是数据挖掘中一种简单但很实用的规则。关联规则分析的主要对象是事务数据库，典型例子是购物篮分析，能够发现顾客一般同时购买哪些物品，分析结果可以用于市场规划、广告策划和分类设计等。

设 $I = \{i_1, i_2, \cdots, i_m\}$ 是 m 个不同项的集合，设任务相关的数据 D 是数据库事务的集合，其中每个事务 T 是项的集合，使得 $T \subset I$，每个事务有一个标识符，称作 TID。关联规则是形如 $A \Rightarrow B$ 的蕴含式，其中 $A \subset I$，$B \subset I$，并且 $A \cap B = \varnothing$。

一般用支持度和置信度来衡量一条关联规则。对于形如 $A \Rightarrow B$ 的关联规则，支持度指同时出现物品集 A 和物品集 B 的事务占总事务的百分比，简记为 $\sup(A \Rightarrow B) = P(A \cup B)$；置信度指在出现了物品集 A 的事务中物品集 B 也出现的概率有多大，即规则确定性的度量，简记为 $\mathrm{conf}(A \Rightarrow B) = P(B \mid A)$。一般的关联规则满足最小支持度阈值（min_sup）和最小置信度阈值（min_conf）时才被认为是有意义的，满足最小支持度的项集称为频繁项集或大项集。

"什么是关联分析？"关联分析发现关联规则，这些规则展示属性－值频繁地在给定数据集中一起出现的条件。关联分析广泛用于购物篮或事务数据分析。

更形式地，关联规则是形如 $X \Rightarrow Y$，即"$A_1 \wedge \cdots \wedge A_m \Rightarrow B_1 \wedge \cdots \wedge B_n$"的规则；其

中，$A_i(i \in \{1,2,\cdots,m\})$，$B_j(j \in \{1,2,\cdots,n\})$ 是属性-值对。关联规则解释为"满足 X 中条件的数据库元组多半也满足 Y 中条件"。

例 2.7 给定 AllElectronics 关系数据库，一个数据挖掘系统可能发现如下形式的规则：

$$age(X, "20\sim29") \wedge income(X, "20\sim30K") \Rightarrow buys(X, "CD\_player")$$
$$[support=2\%, confidence=60\%]$$

其中，X 是变量，代表顾客。该规则是说，所研究的 AllElectronics 顾客 2%（支持度）在 20～29 岁，年收入 20000－30000 美元，并且在 AllElectronics 购买 CD 机；这个年龄和收入组的顾客购买 CD 机的可能性有 60%（置信度或可信性）。

注意，这是一个以上属性之间（即 age，income 和 buys）的关联。采用多维数据库使用的术语，每个属性称为一个维，上面的规则可以称作多维关联规则。

假定作为 AllElectronics 的市场部经理，你想知道在一个事务中，哪些商品经常一块购买。这种规则的一个例子为

$$contains(T, "computer") \Rightarrow contains(T, "software")$$
$$[support=1\%, confidence=50\%]$$

该规则是说，如果事务 T 包含"computer"，则它也包含"software"的可能性有 50%，并且所有事务的 1% 包含两者。这个规则涉及单个重复的属性或谓词（contains）。包含单个谓词的关联规则称作单维关联规则。去掉谓词符号，上面的规则可以简单地写成 computer⇒software [1%，50%]。

近年来，已经提出了许多有效的关联规则挖掘算法。

2.3.5 孤立点分析

数据库中可能包含一些数据对象，它们与数据的一般行为或模型不一致，这些数据对象是孤立点，大部分数据挖掘方法将孤立点视为噪声或异常而丢弃。然而，有时通过发现异常，可以引起人们对特殊情况的加倍注意。异常包括如下几种可能引起人们兴趣的模式：不满足常规类的异常例子；出现在其他模式边缘的奇异点；与父类或兄弟类不同的类；在不同时刻发生了显著变化的某个元素或集合；观察值与模型推测出的期望值之间有着显著差异的事例等。在一些应用中（例如欺诈分析、疾病检测等），罕见的事件可能比正常出现的那些更有意义。

孤立点可以使用统计试验检测，它假定一个数据分布或概率模型，并使用距离度量，到其他聚类的距离很大的对象被视为孤立点。基于偏差的方法通过考察一群对象主要特征上的差别识别孤立点，而不是使用统计或距离度量。孤立点分析的一个重要特征就是它可以有效地过滤大量不感兴趣的模式。

数据库中可能包含一些数据对象，它们与数据的一般行为或模型不一致。这些数据对象是孤立点。大部分数据挖掘方法将孤立点视为噪声或例外而丢弃。然而，在一些应用中（如欺骗检测），罕见的事件可能比正规出现的那些更有趣。孤立点数

据分析称作孤立点挖掘。

孤立点可以使用统计试验检测。它假定一个数据分布或概率模型,并使用距离度量,到其他聚类的距离很大的对象被视为孤立点。基于偏差的方法通过考察一群对象主要特征上的差别识别孤立点,而不是使用统计或距离度量。

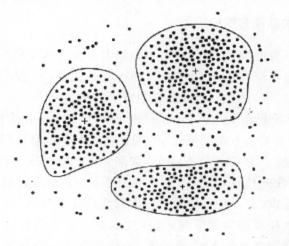

图 2.9 关于一个城市内顾客的 2-D 图
注:图中显示了 3 个聚类,每个聚类的"中心"用"+"标记。

例 2.8 孤立点分析可以发现信用卡欺骗。通过检测一个给定账号与正常的付费相比,付款数额特别大来发现信用卡欺骗性使用。孤立点还可以通过购物地点和类型,或购物频率来检测。

2.3.6 演变分析

数据演变分析对随时间变化的对象的规律或趋势进行建模和描述,包括时序数据分析,序列或周期模式匹配,以及基于相似性的数据分析。其中时序数据是指随时间变化的序列值或事件,值通常是在等时间间隔测得的数据,如股票市场的每日波动、科学实验数据等等。序列数据是由有序事件序列组成的,可以有时间标记,也可以没有,例如 Web 页面遍历序列是一种序列数据,但可能不是时序数据。在时序数据库和序列数据库中进行挖掘,可以进行趋势分析,相似性搜索,与时间有关数据的序列模式挖掘和周期模式挖掘。

对时序数据进行趋势分析的应用范围很广,例如:对某股票的每日收盘价进行趋势分析,可以发现股票市场的走势;对某商品的每日每月销售数据进行趋势分析,可以帮助企业了解产品的销售趋势。相似性搜索是找出与给定查询序列最接近的数据序列,在对金融市场的分析、医疗诊断分析、科学与工程数据库分析等很多领域都有很大的应用价值。序列模式挖掘是指挖掘相对时间或其他模式出现频率较高的模式,一个序列模式的例子是"9 个月前购买奔腾 PC 的客户很可能在一个月内订购新的

CPU 芯片"。由于很多商业交易、电传记录、天气数据和生产过程都是时间序列数据，在针对目标市场、客户吸引、气象预报等的数据分析中，序列模式挖掘是很有用途的。周期分析是指周期模式的挖掘，即在时序数据库中找出重复出现的模式。周期模式可以用于许多重要的领域，例如季节、潮汐、行星轨道等研究。

2.3.7 所有模式都是有趣的吗？

数据挖掘系统具有产生数以千计，甚至数以万计模式或规则的潜在能力。

你可能会问："所有模式都是有趣的吗？"答案是否定的。实际上，对于给定的用户，在可能产生的模式中，只有一小部分是他感兴趣的。

这对数据挖掘系统提出了一系列的问题。你可能会想：什么样的模式是有趣的？数据挖掘系统能够产生所有有趣的模式吗？数据挖掘系统能够仅产生有趣的模式吗？

对于第一个问题，一个模式是有趣的，如果：①它易于被人理解；②在某种程度上，对于新的或测试数据是有效的；③是潜在有用的；④是新颖的。如果一个模式符合用户确信的某种假设，它也是有趣的。有趣的模式表示知识。

存在一些模式兴趣度的客观度量，这些度量基于所发现模式的结构和关于它们的统计结果。对于形如 $X \Rightarrow Y$ 的关联规则，一种客观度量是规则的支持度。规则的支持度表示满足规则的样本百分比。支持度是概率 $P(X \cup Y)$，其中，$X \cup Y$ 表示同时包含 X 和 Y 的事务，即项集 X 和 Y 的并集。关联规则的另一种客观度量是置信度。置信度是条件概率 $P(Y \mid X)$，即包含 X 的事务也包含 Y 的概率。更形式地，支持度和置信度定义为

$$\text{support}(X \Rightarrow Y) = P(X \cup Y)$$
$$\text{confidence}(X \Rightarrow Y) = P(Y \mid X)$$

一般地，每个兴趣度度量都与一个阈值相关联，该阈值可以由用户控制。例如，不满足置信度阈值 50% 的规则可以认为是无趣的。低于阈值的规则可能反映噪声；例外或少数情况，可能不太有价值。

尽管客观度量可以帮助识别有趣的模式，但是仅有这些还不够，还要结合反映特定用户需要和兴趣的主观度量。例如，对于市场经理，描述频繁 AllElectronics 购物的顾客特性的模式应当是有趣的；但对于研究同一数据库，分析雇员业绩模式的分析者，它可能不是有趣的。此外，有些根据客观标准有趣的模式可能反映一般知识，因而实际上并不令人感兴趣。主观兴趣度度量基于用户对数据的确信。这种度量发现模式是有趣的，如果它们是出乎意料的（根据用户的确信），或者提供用户可以采取行动的策略信息。在后一种情况下，这样的模式称为可行动的。意料中的模式也可能是有趣的，如果它们证实了用户希望验证的假设，或与用户的预感相似。

第二个问题——"数据挖掘系统能够产生所有有趣的模式吗？"——涉及数据挖掘算法的完全性。期望数据挖掘系统产生所有可能的模式是不现实的和低效的。实际上，应当根据用户提供的限制和兴趣度聚焦搜索。对于某些数据挖掘任务，这通常

能够确保算法的完全性。关联规则挖掘就是一个例子,在其中使用限制和兴趣度度量可以确保挖掘的完全性。

最后,第三个问题——"数据挖掘系统能够仅产生有趣的模式吗?"——是数据挖掘的优化问题。对于数据挖掘系统,仅产生有趣的模式是用户非常期望的结果。这对于用户和数据挖掘系统是非常有效的,因为这样就不需要搜索所产生的模式,以便识别真正有趣的模式。在这方面已经有了相关的研究和进展。然而,在数据挖掘中,这种优化仍然是个挑战。

为了有效地发现对于给定用户有价值的模式,兴趣度度量是必需的。这种度量可以在数据挖掘步骤之后使用,根据它们的兴趣度评估所发现的模式,过滤掉不感兴趣的那些。更重要的是这种度量可以用来指导和限制发现过程,剪去模式空间中不满足预先设定的兴趣度限制的子集,改善搜索性能。

2.4 数据挖掘应用领域及软件

数据挖掘技术虽然与传统的数据库技术存在着很多差别,但其从本质上来讲仍是基于数据库和数据集的分析,因此在具有大量数据信息采集的领域都有着广泛的应用,主要包括:

(1)零售业中的数据挖掘:零售数据挖掘有助于识别客户消费模式,了解客户需求,改进服务质量,更好地维持已有客户,获取潜在客户,增加客户消费,提高商品销售比例,设计更好的货物运输与分销策略。

(2)金融业中的数据挖掘:金融机构数据通常比较完整、可靠,可用于贷款偿还预测、客户信用分析、目标市场客户的分类与聚类、金融欺诈与犯罪的监测等。

(3)电信业中的数据挖掘:用于分析、了解客户商业行为、为客户提供个性化服务,设计合适的话费套餐,提供特色的增值服务,捕捉盗用行为,更好地利用资源和提供服务质量等方面。

(4)生物医学中的数据挖掘:用于临床疾病的诊断、预防和治疗,新药物效果的分析,DNA 序列研究等方面。

(5)科学研究中的数据挖掘:对心理学、医学、电子工程和制造业等实验数据以及经济或社会科学数据,进行主要成分分析、回归和聚类等。

(6)客户关系管理中的数据挖掘:根据客户数据进行客户细分、客户流失预测、客户欺诈监测、客户价值分析、交叉销售和纵深销售等分析。

(7)射频识别(RFID)领域中的数据挖掘:针对 RFID 数据结构特点构建多维视图模型,面向不同的业务主题和应用层次进行深层次的分析处理,从中获取知识以支持企业的运作和经营管理决策。

(8)流程工业中的数据挖掘:解决流程工业过程建模与优化中的实时预报关键生产过程变量、优化工艺参数、在线生产过程监测及诊断等问题。

数据挖掘是一门应用科学,自问世以来一直与实际需求密切相关,20 世纪 90 年代已开始出现数据挖掘商用软件。据不完全统计,到 1998 年底 1999 年初,已达 50 多个厂商从事数据挖掘系统的软件开发工作;在美国,数据挖掘产品市场在 1994 年约为 5 千万美元,1997 年达到 3 亿美元。随着市场需求的日益增加,目前数据挖掘软件的开发与应用更是高速增长。

从目前市场上数据挖掘软件的产品类型来看,大致分为以下三类:

(1)通用工具类:能够提供广泛的数据挖掘能力。主要包括 SAS Enterprise Miner,SPSS Clementine,IBM Intelligent Miner,Oracle Data mining suite,Angoss KnowledgeSEEKER 等。

(2)综合工具类:能够提供管理报告、统计图表、在线分析处理以及部分数据挖掘功能。例如 Cognos Scenario,Business Objects 等。

(3)面向特定应用工具类:提供面向特定领域的商业解决方案。主要包括:KD1 在零售业中的应用,Options & Choices 在保险业中的应用,HNC 在欺诈检测中的应用以及 Unica Model 1 在市场营销中的应用等。

根据数据挖掘软件中实现的技术,其分类情况如表 2.1 所示。

表 2.1　数据挖掘软件实现技术

实现技术	数据挖掘软件
统计	SAS/EM, Clementine, DataEngine, Partek, Matlab
可视化	SAS/EM, Clementine, Visualication Data Explorer, IRIS, Partek, PV-WAVE, WinViz, MineSet, AVS/Express, NetMap, CrossGraphs
决策树	SAS/EM, Darwin,CART, KnowledgeSEEKER, KnowledgeSTUDIO, Business Miner, Scenario, Intelligent Miner, Decision Series, Minset, ALICE d'I Soft, SE-Learn, MinSet, NCR
神经网络	SAS/EM, Clementine, 4Thought, Intelligent Miner, Decision Series, NeuralSIM, Darwin, DataEngine, DataScope, dbProphet, Partek, KnowledgeSTUDIO, Scenario, HNC, NRC, Unica Model 1
遗传算法	Partek, Aegis Development System, OMEGA, Unica Model 1
关联规则	SAS/EM, MineSet, Clementine, Scenario, Decision Series, Intelligent Miner, NCR, KD1, Options & Choices
k-means	SAS/EM,Darwin, KnowledgeSTUDIO, Intelligent Miners

从上面的表格可以看出目前的数据挖掘软件主要实现了统计、可视化技术、神经网络、决策树等技术,还有其他技术有待开发。

1. 数据挖掘系统的分类

数据挖掘是一个交叉科学领域,受多个学科影响(见图 2.10),包括数据库系统、统计、机器学习、可视化和信息科学。此外,依赖于所用的数据挖掘方法,可以使用其他学科的技术,如神经网络、模糊/粗糙集理论、知识表示、归纳逻辑程序设计,或高性能计算。依赖于所挖掘的数据类型或给定的数据挖掘应用,数据挖掘系统也可能集成空间数据分析、信息提取、模式识别、图像分析、信号处理、计算机图形学、Web 技术、经济或心理学领域的技术。

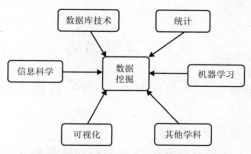

图 2.10 数据挖掘受多学科的影响

由于数据挖掘源于多个学科,因此数据挖掘研究就产生了大量的、各种不同类型数据挖掘系统。这样,就需要对数据挖掘系统给出一个清楚的分类。这种分类可以帮助用户区分数据挖掘系统,确定最适合其需要的数据挖掘系统。根据不同的标准,数据挖掘系统可以分类如下:

根据挖掘的数据库类型分类:数据库系统本身可以根据不同的标准(如数据模型,或数据,或所涉及的应用类型)分类,每一类可能需要自己的数据挖掘技术。这样,数据挖掘系统就可以相应分类。

例如,如果根据数据模型分类,我们可以有关系的、事务的、面向对象的、对象—关系的,或数据仓库的数据挖掘系统。如果根据所处理的数据的特定类型分类,我们有空间的、时间序列的、文本的、多媒体的数据挖掘系统,或 WWW 数据挖掘系统。

根据挖掘的知识类型分类:即根据数据挖掘的功能,如特征、区分、关联、聚类、孤立点、趋势和演化分析、偏差分析、类似性分析等分类。一个全面的数据挖掘系统应当提供多种和(或)集成的数据挖掘功能。

此外,数据挖掘系统可以根据所挖掘的知识的粒度或抽象层进行区分,包括泛化知识(在高抽象层),原始层知识(在原始数据层),或多层知识(考虑若干抽象层)。一个先进的数据挖掘系统应当支持多抽象层的知识发现。

数据挖掘系统还可以分类为挖掘数据规律(通常出现的模式)和数据反规律(如例外或孤立点)。一般地,概念描述、关联分析、分类、预测和聚类挖掘数据规律,将孤立点作为噪声排除。这些方法也能帮助检测孤立点。

根据所用的技术分类:这些技术可以根据用户交互程度(例如,自动系统、交互探查系统、查询驱动系统),或所用的数据分析方法(例如,面向数据库或数据仓库的技术,机器学习、统计、可视化、模式识别、神经网络等等)描述。复杂的数据挖掘系统通常采用多种数据挖掘技术,或采用有效的、集成的技术,结合一些方法的优点。

根据应用分类:数据挖掘系统可以根据其应用分类。例如,可能有些数据挖掘系统特别适合财政、电信、DNA、股票市场、E-mail等等。不同的应用通常需要集成对该应用特别有效的方法。因此,普通的、全能的数据挖掘系统可能并不适合特定领域的挖掘任务。

2.5 发展趋势

数据挖掘的发展主要集中在与用户交互、算法性能以及数据库类型多样性等方面。

1. 数据挖掘方法与用户交互问题

(1) 数据挖掘结果表达与可视化。数据挖掘应该能够用高级语言、可视化表示或其他表示方式来描述所挖掘出的知识,以使用户更加容易地理解和应用所挖掘出的知识。

(2) 数据挖掘查询语言与特定的数据挖掘。开发高级数据挖掘查询语言以帮助用户描述特定的挖掘任务,描述挖掘任务所涉及的领域知识、挖掘结果的模式知识类型,以及对挖掘结果兴趣度等约束条件。

(3) 从数据库挖掘不同类型的知识。由于不同的应用需要不同类型的知识,因此数据挖掘应该覆盖广泛的数据分析与知识发现任务需求。

(4) 处理有噪声或不完整的数据。研究数据清洗和数据分析方法,以处理这些有噪声的数据。

(5) 模式评估:兴趣度问题。如何对所挖掘出模式的趣味性进行评估,以及如何利用趣味性来指导挖掘过程以有效减少搜索空间,是尚待进一步研究的问题。

(6) 基于多层抽象水平的交互挖掘。由于无法准确了解从一个数据库中究竟能够发现什么,因此一个数据挖掘过程应该是交互的。

2. 数据挖掘算法性能问题

(1) 数据挖掘算法的效率与可扩展性。为了能够有效地从数据库大量的数据中抽取模式知识,数据挖掘算法就必须是高效的和可扩展的。

(2) 并行、分布和增量更新算法。并行分布算法将数据分为若干份进行并行处理,然后将处理获得的结果合并在一起。增量挖掘算法无须每次均对整个数据库进行挖掘,而只需对数据库中的增量数据进行挖掘即可。

3. 数据库类型多样性问题

(1) 关系和复杂类型数据的处理。各种异构数据库包含复杂数据对象,如超文本、多媒体数据、空间数据、时间数据及交易数据等,因此需要根据特定的挖掘数据,构造相应的数据挖掘系统,满足挖掘不同数据类型并完成不同挖掘任务的要求。

（2）异构数据库和全球信息系统的信息挖掘。本地和广域计算机网络系统将许多数据源连接在一起,从而构成了一个巨大的、分布的、异构的数据库。如何从来自不同数据源中挖掘出所需要的模式知识是数据挖掘研究所面临巨大挑战。

2.6 本章小结

（1）针对特定领域的应用人们开发了许多专用的数据挖掘工具,这包括生物医学、DNA 分析、金融、零售业和电信等。这些实践将数据分析技术与特定领域知识结合在一起,提供了满足特定任务的数据挖掘解决方案。

（2）在过去 10 年中,开发了许多数据挖掘系统和产品。选择一个满足自己需要的数据挖掘产品,重要的一点是要从多个角度考察数据挖掘系统的各种特征。这包括数据类型,系统问题,数据源,数据挖掘的功能和方法,数据挖掘系统与数据库或数据仓库的紧耦合,可伸缩性,可视化工具和图形用户界面等。

（3）可视化挖掘集成数据挖掘和数据可视化技术,用于从大量数据中发现隐含的和有用的信息。可视化数据挖掘的形式包括数据可视化,数据挖掘结果的可视化和数据挖掘过程可视化等。音频数据挖掘使用音频信号来指明数据挖掘结果的数据模式和特征。

（4）针对数据分析已经提出了几种完善的统计方法,如回归、广义线形模型、回归树、方差分析、混合效应模型、因素分析、判别式分析、时序分析、幸存分析和质量控制等。覆盖所有的统计数据分析方法超出本书范畴,感兴趣的读者可参考文献注解中引用的统计文献,可作为统计分析工具的基础。

（5）一些研究人员已在致力于建立数据挖掘的理论基础。这方面已经提出了一些有意思的成果,包括数据归约、模式发现、概率理论、数据压缩、微观经济和归纳数据库等。

（6）智能查询应答采用数据挖掘技术来分析用户查询的意图,提供与查询相关的概化和关联信息。这扩展了查询处理系统的能力和可用性。

（7）一种新技术如数据挖掘要得到认可,需经过一个生命周期,这中间通常包含一个沟坎,它表示了这种技术在成为主流技术之前必须面对的挑战。

（8）数据挖掘所带来的一种社会影响是有关隐私和信息安全的问题。Opt-out 策略是一种有关数据隐私保护的方法,它允许用户说明使用个人数据的限制条件。数据安全增强技术可以出于安全和隐私的考虑,将信息匿名化。

（9）数据挖掘发展趋势包括了需进一步研究的新应用的扩展,以及处理复杂数据类型的新方法,算法的可伸缩性,基于约束的挖掘和可视化方法,数据挖掘同数据仓库和数据库系统的集成,数据挖掘语言的标准化,数据隐私保护与安全。

习 题

1. 什么是数据挖掘？它与数据库中的知识发现是什么关系？

2. 数据库中的知识发现的过程是什么？

3. 什么是数据仓库？它与数据库的区别有哪些？

4. 数据挖掘功能有哪些？请举例说明其各自的用途。

第二部分

理论与实践篇

第 3 章

粒子群算法及应用

3.1　基本粒子群优化

自从 1995 年粒子群优化(PSO)被提出以来,它就被多次改进和应用。大多数对基本 PSO 的改进都致力于提高它的收敛性能以及提升种群的多样性。在讨论这些改进之前,我们有必要先讨论一下 1995 年提出的这个最初的粒子群优化算法。本节将介绍最初的粒子群优化算法,在这里我们称其为基本粒子群优化,同时我们将介绍相应的一些符号。

一个粒子群优化算法维持着一个一定数量粒子的种群,其中每个粒子都代表了问题的一个潜在解。类比进化计算策略,一个种群相当于一群人,一个粒子相当于个人。类似地,粒子们在多维空间中飞行,它们位置的调整依赖于自身的经验以及周围邻居的经验。令 $X_i(t)$ 代表第 i 个粒子在时刻 t 在搜索空间的位置,除非特殊声明,t 代表的是离散时间点。粒子的位置变化由加入的速度项 $V_i(t)$ 引起,即

$$X_i(t+1) = x_i(t) + V_i(t+1) \tag{3.1}$$

其中 $x_i(0) \sim U(X_{\min}, X_{\max})$。

速度向量就是驱动整个优化进程的动力,它反映了粒子本身的经验知识以及其周围邻居的社会交互信息。一个粒子的经验知识大概可以总结为其"认知成分",它正比于这个粒子现在位置到其从开始到现在的经验最优位置(称作粒子个体最优位置)的距离。社会交互信息被称作这个速度方程的"社会成分"。

最初有两个粒子群优化算法被提出,它们的区别是粒子邻域的大小不同。这两个算法分别被称作全局最优粒子群优化(gbest PSO)和局部最优粒子群优化(lbest PSO),它们的速度计算公式中都有认知成分和社会成分,所以被称作完全 PSO 模型。全局最优 PSO 和局部最优 PSO 将在第 3.1.1 节和第 3.1.2 节中分别讨论。我们将给出每个算法的伪代码。其他 PSO 算法变体及改进,本章不再展开介绍,请参见相关参考书目。

3.1.1　全局最优 PSO

对于全局最优 PSO,每个粒子的邻域都是整个种群。其社会网络拓扑结构是星状拓扑。在星状邻域拓扑结构中,速度更新公式中的社会成分反映了整个种群中所有粒子的信息。这种情况下,社会信息是种群到现在为止发现的最优位置,称作 $y(t)$。

对于全局最优 PSO,粒子 i 的速度由下式计算:

$$V_{ij}(t+1) = V_{ij}(t) + c_1 r_{1j}(t)[y_{ij}(t) - x_{ij}(t)] + c_2 r_{2j}(t)[\hat{y}_{ij}(t) - x_{ij}(t)]$$
(3.2)

其中，$V_{ij}(t)$是粒子i在t时刻第j维上的速度（$j = 1, 2, \cdots, n_x$）；x_{ij}是粒子i在t时刻第j维上的位置；c_1和c_2是正数的加速度常量，分别用来度量认知成分和社会成分对于速度更新的贡献；$r_{1j}(t), r_{2j}(t) \sim U(0, 1)$都是在区间$[0, 1]$中均匀抽取的随机数，而这些随机数将不确定性因素引入算法中；$y_j(t)$是t时刻第j维上的全局最优位置。

个体最优位置y_i是第i个粒子从开始到现在到达过的最佳位置。对于一个极小化问题，$t+1$时刻的个体最优位置由下式计算：

$$y_i(t+1) = \begin{cases} y_i(t), & f(x_i(t+1)) \geqslant f(y_i(t)) \\ x_i(t+1), & f(x_i(t+1)) < f(y_i(t)) \end{cases}$$
(3.3)

其中，$f: R^{n}x \to R$是适应度函数。跟进化计算中的适应度函数一样，这里的f也度量了相应的候选解与最优解之间的距离，也就是对于一个粒子或者一个候选解的性能或质量。

t时刻的全局最优位置$\hat{y}(t)$定义如下：

$$\hat{y}(t) \in \{\{y_0(t), \cdots, y_{n_s}(t)\} \mid f(\hat{y}(t)) = \min\{f(y_0(t)), \cdots, f(y_{n_s}(t))\}\}$$
(3.4)

其中，n_s代表群体中的粒子个数。需要注意的是，在式中的$\hat{y}$是所有粒子到目前为止所发现的最优的位置，通常是计算那个最好的个体最优位置。全局最优位置也可以从当前的群体粒子位置中选取，此时：

$$\hat{y}(t) = \min\{f(x_0(t)), \cdots, f(x_{n_s}(t))\}$$
(3.5)

gbest PSO 总结于算法 3.1。在这个算法中，符号 $S.x_i$ 表示群体 S 中的第 i 个粒子的位置。

算法 3.1　gbest PSO

创建和初始化一个 n_x 维的粒子群体 S；

repeat

    for 每个粒子 $i = 1, 2, \cdots, S.n_s$ do

        //设置个体最优位置

        if $f(S.x_i) < f(S.y_i)$ then

            $S.y_i = S.x_i$；

        end

        //设置全局最优位置　　　if $f(S.y_i) < f(S.\hat{y})$ then

            $(S.\hat{y}) = (S.x_i)$；

        end

    end

    for 每个粒子 $i = 1, 2, \cdots, S.n_s$ do

        利用式（3.2）更新速度；

利用式(3.1)更新位置;

    end

until 终止条件满足;

3.1.2 局部最优 PSO

局部最优粒子群优化(lbest PSO)使用了一个环形的网络拓扑结构,每个粒子的邻居更少。社会成分代表了邻居之间的信息传递,反映了局部的环境知识。在速度公式中,社会信息的贡献相应地正比于粒子目前位置与邻域最优位置之间的距离。速度更新公式如下:

$$V_{ij}(t+1) = V_{ij}(t) + c_1 r_{1j}(t)[y_{ij}(t) - x_{ij}(t)] + c_2 r_{2j}(t)[\hat{y}_{ij}(t) - x_{ij}(t)] \quad (3.6)$$

其中,$\hat{y}_{ij}$ 为粒子 i 的所有邻居在第 j 维上发现的最优位置。局部最优位置 $\hat{y}_i$ 就是粒子 i 的邻域 N_i 中发现的最优位置,定义如下:

$$\hat{y}_i(t+1) \in \{N_i \mid f(\hat{y}_i(t+1)) = \min\{f(x)\}, \forall x \in N_i\} \quad (3.7)$$

其中的邻居 N_i 定义为

$$N_i = \{y_{i-n_{N_i}}(t), y_{i-n_{N_{i+1}}}(t), \cdots, y_{i-1}(t), y_i(t), y_{i+1}(t), \cdots, y_{i+n_{N_i}}(t)\} \quad (3.8)$$

n_{N_i} 是邻居粒子的个数,局部最优位置也可以称为邻域最优位置。

特别应该注意的是,对于基本粒子群优化,位于同一邻域中的粒子并没有关联,邻居的选择只依赖于粒子的编号。但是基于空间相似性原理来选择邻居的策略也被发展和试验过。下面两个理由说明由粒子编号决定邻居的策略更好。

(1)由于不需要计算空间顺序,计算复杂度不高。而那些需要计算空间距离来确定邻居的方法,必须计算任意两个粒子之间的欧氏距离,复杂度为 $O(n^2)$。

(2)不管当前各个粒子的位置在哪里,编号的策略都能使有用的信息更方便地传递到整个群体。

另外要注意,邻域是相互重叠的,一个粒子可以是多个其他粒子的邻居粒子。这种互相连接的特点也有助于邻居之间的信息共享,并且保证整个群体能收敛于一点,即全局最优粒子。其实,gbest PSO 是当 lbest PSO 中 $n_{N_i} = n_s$ 时的一个特例。

lbestPSO 总结于算法 3.2。

算法 3.2 lbestPSO

    创建和初始化一个 n_x 维的粒子群体 S;

    repeat

      for 每个粒子 $i = 1, 2, \cdots, S.n_s$ do

        //设置个体最优位置

        if $f(S.x_i) < f(S.y_i)$ then

          $S.y_i = S.x_i$;

        end

```
//设置邻域最优位置 if
f(S.y_i) < f(S.ŷ_i) then
    (S.ŷ) = (S.y_i);
  end
end
for 每个粒子 i = 1, 2, …, S.n_s do
    利用式(3.6)更新速度;
    利用式(3.1)更新位置;
  end
until 终止条件满足;
```

3.2　粒子群优化的应用

求解不同种类问题的 PSO 算法被成功地用于广大领域的问题,最早是用来训练神经网络,其他应用覆盖所有关于优化的领域,包括训练博弈代理、电力系统、图像与数据聚类、应用数学、优化设计、控制器设计、调度、模型选择、生物信息学、数据挖掘、音乐生成以及许多其他应用。本节以 PSO 在神经网络、博弈学习、聚类应用方面的应用为例,给出这些应用的综述和分类。

第 3.2.1 节给出神经网络训练算法与应用,第 3.2.2 节给出 PSO 如何用于博弈学习,第 3.2.3 节是聚类应用的综述。此外,PSO 在设计优化、调度与规划、控制器设计、应用数学、电力系统、生物信息学、物理学、模糊系统、数据挖掘与预测等方面都得到了广泛应用。

3.2.1　神经网络

PSO 的第一个应用是训练前向神经网络(feed forward neural network,FFNN),相关研究表明 PSO 对训练神经网络是有效的。此后 PSO 被用于各种神经网络(NN)结构,并显示 PSO 能够得到更加精确的解。本节从 NN 中的监督学习、非监督学习、结构选择三个方面,给出 PSO 用于 NN 的训练与应用。由于篇幅有限,不能给出 NN 的完整介绍,因此假设读者具有一定的基础。这里并不提供每项应用的细节,读者可以查阅参考文献以获得更多信息。

1. 监督学习

监督 NN 训练的主要目标是通过调整权重集合使得目标(误差)函数最小,通常误差函数是误差平方和(sum of the squares of errors):

$$E = \frac{1}{2} \sum_{p=1}^{P_T} \sum_{k=1}^{K} (t_{pk} - o_{pk})^2 \tag{3.9}$$

其中,P_T 是训练样本的个数,t_{pk} 是样本的标签,o_{pk} 是网络实际的输出,NN 共有 K 个输出。

为了使用 PSO 训练 NN,需要合适的表示方式与适应值函数。由于目标是最小化误差函数,因此适应值函数可简单设为给定的误差函数。每个粒子代表优化问题的一个候选解,由于 NN 的所有参数是一个解,因此一个粒子代表一个完整网络。粒子的位置向量的每一维代表 NN 的一个权重,使用这些表示,任何 PSO 算法都可以用来寻找 NN 的权重以最小化误差函数。

2. 非监督学习

许多研究使用 PSO 训练监督的神经网络,而很少有人研究 PSO 如何训练元监督的神经网络。Xiao 等人[3]使用 gbest PSO 进化自组织图(self-organizing map,SOM)的权重来完成基因聚类。训练过程包括两个阶段,第一个阶段用 PSO 为 SOM 寻找初始参数,第二个阶段使用第一个阶段的结果初始化 PSO,然后用 PSO 进一步进化权重集合。

Messerschmidt 和 Engelbrecht[4]、Franken 和 Engelbrecht[5]用 gbest PSO、lbest PSO、冯·诺依曼 PSO 算法与 GCPSO 算法协同进化神经网络来估计博弈树叶节点的评价函数,没有目标适应值可用,因此 NN 与对手之间竞争来确定适应值。在协同进化训练过程中,权重被 PSO 算法调整以找到最好的博弈者。协同进化训练过程被成功地应用到井字博弈、西洋跳棋、海盗分宝博弈、迭代囚徒两难问题与概率井字博弈中。

3. 结构选择

Zhang 等人[8]提出一个能够同时优化 NN 权重和结构的 PSO。使用两个群体,一个群体优化结构,另一个群体优化权重。结构优化群体的粒子有两维,每个粒子代表隐节点个数与连接密度。算法第一步先在预定义范围内随机初始化结构粒子。

第二个群体中粒子代表实际的权重向量。每一个结构群体中的粒子都对应一个特定隐节点个数与连接密度的群体。每个群体通过 PSO 演化,适应值用均方误差 MSE 计算。群体收敛后,每个群体选择出代表权重的最优个体。然后用测试集获得结构粒子对应的最优个体的适应值,使用这个适应值。结构群体进一步用 PSO 优化。

这个过程一直进行直到满足停止条件,全局最优解就是最优的结构粒子以及对应的最优权重粒子的解。

3.2.2　博弈学习

粒子群算法已被成功地应用到井字博弈、西洋跳棋、宝博弈、迭代囚徒两难问题与概率井字博弈中。本节给出协同进化的博弈学习及基于博弈的经典优化问题 PSO 应用的综述。

1. 协同进化的博弈学习

Messerschmidt 与 Engelbrecht[4]提出用 PSO 训练 NN 来估计博弈树中叶节点的评价函数,最初的模型是用于简单的井字博弈。

学习模型包括以下 3 个组成部分。

(1)使用最小最大或 $\alpha\text{-}\beta$ 算法将一个博弈树扩展为一个给定的铺设深度。树的根节点代表当前的棋盘状态,树的其他节点代表将来的棋盘状态。目标是寻找下一个动作,使得博弈者最大程度接近目标,如赢得博弈。为了评价将来棋盘状态的好坏,叶节点需要评价函数。

(2) 一个神经网络评价函数用来评价叶节点代表的棋盘状态的好坏,NN 接收棋盘状态作为输入,产生一个标量值输出作为棋盘状态好坏的度量。

(3) 一个 NN 群体,其中每个 NN 在与其他 NN 竞争中被训练。

这个训练方式是受到 Chellapilla 和 Fogel 提出的通过进化 NN 来估计棋盘状态的协同进化博弈学习方法的启发。其目标是从未知开始进化博弈者,也就是说,没有任何博弈策略可以参考。仅有的信息就是博弈规则,博弈是胜、败或平局。

训练的过程是无监督的,不提供棋盘状态的评价。缺乏 NN 的输出使得协同进化机制成为必需,NN 的代理之间相互竞争。算法 3.3 总结了 PSO 协同进化训练算法,群体中粒子随机产生,每个粒子代表一个 NN,每个 NN 与其他对手竞争,并被赋予胜、败、平局的得分,这些得分决定个体最优解与邻居最优解,而权重通过使用 PSO 算法的速度与位置更新公式调节。

算法 3.3 已经成功应用于井字博弈、西洋跳棋、宝博弈、非零和博弈和迭代囚徒两难问题。

算法 3.3 PSO 协同进化博弈训练算法
    创建与随机初始化 NN 群体;
repeat
    向竞争池中添加每个个体最优位置;
    将每个粒子添加到竞争池中;
    for 每个粒子(或 NN) do
        从竞争池中随机选择一群对手;
        for 每个对手 do
            作为第一博弈者与竞争者玩博弈(使用博弈树决定下一步动作);
            记录博弈结果;
            作为第二博弈者与同一竞争者玩博弈;
            记录博弈结果;
        end
        给每个粒子一个分数;
        根据分数计算新的个体最优位置;
    end
    计算邻居最优位置;
    更新粒子速度与位置;
until 满足停止条件;
返回全局最优粒子作为博弈代理;

2. 基于博弈的经典优化问题

n 皇后问题是一个经典的 CSP,目标是将 n 个皇后摆放在 $n \times n$ 的棋盘上,保证皇后之间是安全的。Hu 等人[10]使用一个离散 PSO 来解决此问题。

Franken 和 Engelbrecht 用二进制 PSO 求解骑士覆盖问题,目标是寻找能够将整个棋盘覆盖的最小数目的骑士。对于 $n \times n$ 棋盘,每个粒子包含 $n \times n$ 位,1 表示骑士覆盖了对应的方格,适应值函数为

$$f(x) = w_1 a_1 + w_2 a_2 + \frac{a_3}{n} \tag{3.10}$$

式中,a_1、a_2、a_3 分别是空的方格数目、骑士数目、被覆盖的方格个数,目标是最小化空的方格数目与骑士数目,w_1 和 w_2 是对每个目标的权重。

3.2.3 聚类应用

聚类算法的目标是将相似的数据点聚集在一起,聚类算法使用距离度量(如欧几里得距离)来定义两个数据间的相似性。基于这些相似性度量,聚类问题被形式化为优化问题,目标是同时最大化聚类间距离并最小化聚类内距离。Omran 等人[11]使用基本 PSO 与 GCPSO 有效地对无监督的图像进行分类,每个粒子 $x_i = (m_{i1}, m_{i2}, \cdots, m_{ik})$,代表一个完整的聚类解。$m_{ik}$ 是粒子 i 的聚类中心向量。每个粒子的质量的计算方法如下所示:

$$f(x_i, Z_i) = w_1 d_{\max}(Z_i, x_i) + w_2(z_{\max} - d_{\min}(x_i)) + w_3 J_{e,i} \tag{3.11}$$

其中:

$$d_{\max}(Z_i, x_i) = \max_{k=1,2,\cdots,K} \left\{ \sum_{\forall z_p \in C_{i,k}} \varepsilon(z_p, m_{ik}) / n_{i,k} \right\} \tag{3.12}$$

是粒子与指定聚类间的欧几里得平均距离。

$$d_{\min}(x_i) = \min_{\forall k, kk, k \neq kk} \{ \varepsilon(m_{i,k}, m_{i,kk}) \} \tag{3.13}$$

是任意两个聚类之间的最小欧几里得距离,并且有

$$J_{e,i} = \frac{\sum_{k=1}^{K} \left[\sum_{\forall z_p \in C_{i,k}} \varepsilon(z_p, m_{ik}) \right] / n_{i,k}}{K} \tag{3.14}$$

用于度量量化误差。

上面的公式中,$Z_{\max}$ 是数据集(例如对 b 位的数字图像,$z_{\max} = 2^b - l$)中的最大值,Z_i 是一个代表聚类中粒子模式的矩阵(每个元素 z_{ikp} 表示是否 z_p 属于粒子 i 的聚类 C_k,用 $C_{k,i}$ 表示),n_{ki} 是聚类 C_{ki} 的像素个数,$\varepsilon(z, m)$ 表示向量 z 与 m 之间的欧几里得距离,w_1、w_2 和 w_3 是用户定义的常量,用来给每个子目标一个权重。

上面的方法要求用户在聚类前指定模式个数,进一步的相关研究将此方法扩展为一个动态聚类算法,能够决定最优的聚类个数。

除了非监督的图像分类,PSO 变体已被用于彩色图像数字化算法,能够产生高质量的数字图像。一个有效的端元选择算法已用于多谱成像数据的谱去混选。

PSO 已被成功用于聚类一般数据，一个加权重的聚合方法用于处理多目标适应值函数。

PSO 在特定网络的节点聚类中也得以应用。PSO 用来将节点聚类，使得聚类中的节点与组头之间的平均距离最小，并且使得聚类内部的节点数目相同。

3.3　本章小结

基本 PSO 算法及其变体已被成功用于各种应用。本章给出了其中部分应用的简要介绍，目的是让读者认识到 PSO 能够应用到各种各样的实际应用中。更加详尽的资料请查阅相关文献。

习　题

1. 全局最优 PSO 的算法思想是什么？
2. 局部最优 PSO 的算法思想是什么？
3. 简述 PSO 算法在哪些领域得以应用。
4. 试对 PSO 在某一领域内的应用进行综述。

第 4 章

蚁群算法及应用

人们从蚁群觅食行为中受到启示，开发出很多基于蚂蚁的算法（ant-based algorithms，AA），主要用于解决离散组合优化问题。很多研究专注于更好地理解这些简单的组织如何表现出复杂的行为。第一个被生态学家研究的模型就是蚁群的觅食行为，即蚂蚁总能找到巢穴和食物之间的最短路径。受这些研究与观察的启示，Marco Dorigo 首次提出蚂蚁觅食行为的算法模型。从那一刻起，对蚂蚁算法的研究取得了长足的发展，涌现出一批相关算法和应用。总的来说，基于蚂蚁觅食行为的算法被归类为蚁群优化元启发算法（ant colony optimization meta-heuristic，ACO-MH）。

本章在概述蚁群优化的元启发算法后，重点介绍蚂蚁算法的原则和首例蚂蚁算法。此后的章节会对蚁群优化元启发算法进行更为详尽地介绍。本章的组织结构如下：第 4.1 节概述真实蚁群的觅食行为，介绍激发行为和人工蚂蚁概念；第 4.2 节给出一个简单蚂蚁算法的具体实施，用来说明蚂蚁算法的主要原则；第 4.3 节讨论蚁群优化算法的一般框架；第 4.4 节对蚁群算法的应用进行综述。

4.1　蚁群觅食行为

在缺乏视觉信息、中心控制、主动协作机制的情况下，蚁群是如何找到巢穴和食物之间的最短路径的呢？关于众多种类的蚁群的觅食行为研究表明，初始的觅食行为是一个随机的混沌模式。当发现食物后，行为路径逐渐变得有组织——越来越多的蚂蚁经过相同的路径。"很神奇地自动化"——很快所有的蚂蚁都沿用了同一最短路径。这是由于蚂蚁在觅食的过程中释放了有关食物源的启发性信息来召集同伙。不同的物种有不同的召集机制，既可以是直接的信息传递，又可以是间接的。大多蚁群利用信息素来间接通信。当一只蚂蚁发现食物以后，它将部分食物拖回巢穴并沿路留下信息素。觅食的蚂蚁通过不同路径上的信息素来选择路径。信息素浓度越大的路径被选择的概率也就越大。当越来越多的蚂蚁选择同一特定路径时，该路径就因聚集越来越多的信息素而更具吸引性，从而吸引更多的蚂蚁走该路径。这种自催化导致的协作行为形成一种正反馈机制，使得最优觅食路径被越来越多的蚂蚁选择。这种间接通信形式——蚂蚁通过改变环境（释放信息素）来影响其他蚂蚁行为——被称作刺激行为。

图 4.1 直观地表明了蚁群通过刺激行为找到巢穴和食物之间最短路径的过程。在现实生活中，我们总可以观察到大量蚂蚁在巢穴与食物源之间形成近乎直线的路径，而不是曲线或者圆等其他形状，如图 4.1(a) 所示。蚂蚁群体不仅能完成复杂的任务，而且还能适应环境的变化，如在蚁群运动路线上突然出现障碍物时，一开始各只

蚂蚁分布是均匀的,不管路径长短,蚂蚁总是先按同等概率选择各条路径,如图4.1(b)所示。蚂蚁在运动过程中,能够在其经过的路径上留下信息素,而且能感知这种物质的存在及其强度,并以此指导自己运动的方向,蚂蚁倾向于信息素浓度高的方向移动。相等时间内较短路径上的信息量就遗留得比较多,则选择较短路径的蚂蚁也随之增多,如图4.1(c)所示。不难看出,由于大量蚂蚁组成的蚁群集体行为表现出了一种信息正反馈现象,即某一路径上走过的蚂蚁越多,则后来者选择该路径的概率就越大,蚂蚁个体之间就是通过这种信息交流机制来搜索食物,并最终沿着最短路径行进,如图4.1(d)所示。

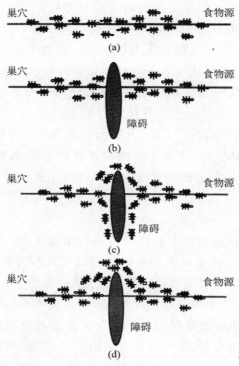

图 4.1 现实中蚁群寻找食物的过程

Deneubourg 等[12] 研究阿根廷蚁(红蚁)的觅食行为来建立一种描述其行为的形式化模型。在该实验中,巢穴和食物之间用等臂长的双分支桥连接(见图4.2)。最初,桥的两个分支都没有任何信息素。过了一段时间以后,尽管这两个分支长度相等,还是有一个分支被绝大多数从巢穴出发的蚂蚁所选择。原因是随机的路径选择促使所随机选择到的分支上信息素浓度累积。

通过该双桥实验,一个形式化的模型被提出,用来描述蚂蚁路径选择的过程。建模过程中,他们假设各蚂蚁分泌等量的信息素并且不考虑信息素的挥发。Psteels 等人通过实验得出蚂蚁在 $t+1$ 时刻选择路径 A 的概率如式 4.1 所示:

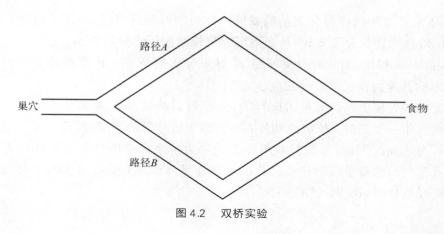

图 4.2　双桥实验

$$P_A(t+1) = \frac{[c + n_A(t)]^\alpha}{[c + n_A(t)]^\alpha + [c + n_B(t)]^\alpha} \tag{4.1}$$

其中,$n_A(t)$ 和 $n_B(t)$ 分别表示在 t 时刻路径 A、路径 B 上经过的蚂蚁的数量;c 代表未开发路径(不含信息素的路径分支)对蚂蚁的吸引度,α 表示蚂蚁选择路径的过程中受信息素影响的程度。α 的值越大,蚂蚁选择高信息素浓度路径的可能性越大,即使两路径信息素浓度差别很小。c 越大,则需要越高的信息素浓度来影响蚂蚁下一步的选择。实验表明,当 $\alpha \approx 2$ 和 $c \approx 20$ 时,该概率模型与实际情况相符。

根据式(4.1)的概率模型,蚂蚁的路径选择情况如下:如果 $U(0,1) \leqslant P_A(t+1)$,那么选择路径 A;否则选择路径 B。

Goss 等[13] 进行双桥扩展实验——其中一个分支比另一个分支长,如图 4.3 所示。图中的黑点代表蚂蚁。实验初期,蚂蚁以大致相等的概率随机选择任一分支,如图4.3(a)所示。经过一段时间以后,越来越多的蚂蚁开始选择较短的分支,如图

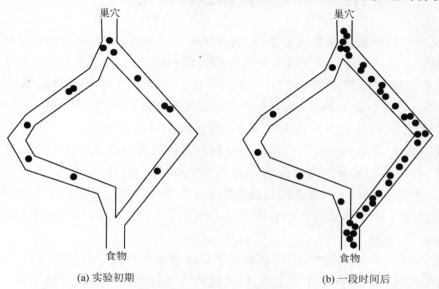

(a) 实验初期　　　　　　　　　　　　(b) 一段时间后

图 4.3　觅食蚂蚁选取的最短路径

4.3（b）所示。由于选择短分支的蚂蚁能以较短的时间返回蚁巢，因此短分支上的信息素浓度增强得比长分支要快，从而更多的蚂蚁倾向于选择短分支。

Goss 等[13] 得出，对于双分支问题，选择短分支的概率正比于两分支的长度比。Dorigo 等称其为路径长度差分效应。

尽管蚁群表现出复杂的自适应行为，但是每只蚂蚁的行为都非常简单。一只蚂蚁可以被看作一个刺激－反应感知体：蚂蚁感知信息素的浓度，然后基于信息素的刺激做出行为选择。因此，一只蚂蚁可以被抽象为一个简单的计算感知体。人工蚂蚁算法以真实蚂蚁的简单行为建模。算法实现详见算法 4.1 中的伪代码。每当蚂蚁需要做出路径选择时，执行该算法一次。

算法 4.1　人工蚂蚁决策过程

$r = U(0, 1)$;

for 每个可能的路径 A do

　利用式（4.1）计算 P_A;

　if $r \leqslant P_A$ then

　　　选择路径 A;

　　　break

　　end

end;

算法 4.1 提供一种简单随机选择机制，然而其他的随机选择机制同样适用于算法，比如轮盘赌的选择。

4.2　简单蚁群优化

首次提出的蚂蚁算法是蚂蚁系统（Ant System，AS），接着一些蚂蚁系统的改进算法被提出。这些算法比算法 4.1 中的决策过程稍微复杂一些。为了更便于理解蚂蚁算法，本节将打破算法发展的时间顺序，首先介绍简单蚁群优化（simple ACO，SACO）[14]。SACO 是对 Deneubourg 等人双桥实验的算法实现（详见第 4.1 节）。本小节通过介绍 SACO 来说明蚁群优化元启发算法的主要组成和步骤。

我们不妨以常见的寻找图中两节点间最短路径问题为例，$G = (V, E)$，其中 V 表示图中节点的集合，E 表示图中边的集合。图中共有 $n_G = |V|$ 个节点。L^k 表示蚂蚁 k 所经历的路径长度——两节点间跳转边的数量。图 4.4 给出了一个例子，说明图和选择路径的表示。图中所选路径的长度为 2。对于每个边 (i, j)，都赋予了相应的信息素浓度 τ_{ij}。

对于 SACO 来说，每个边的信息素浓度都被初始化为一个小随机值 $\tau_{ij}(0)$。严格来讲，初始时每个边应该不含信息素，蚂蚁随机地选择路径。根据算法 4.1，给每个边

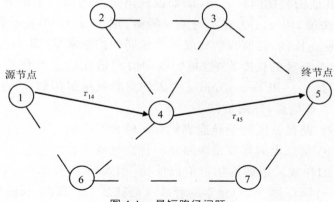

图 4.4　最短路径问题

的信息素浓度一个小的随机值更便于实现。每只蚂蚁 $k(k=1,2,\cdots,n_k)$ 都被放置到源节点。对于 SACO 的每次迭代(详见算法 4.2),每只蚂蚁逐渐地建立到达终节点的一条路径。在每个节点,蚂蚁都会进行决策选择下一段路径。如果蚂蚁的当前节点是 i,那么它选择下一节点 $j \in N_ki$ 时,会基于如下概率计算公式:

$$P_{kij}(t) = \begin{cases} \dfrac{\tau_{ij}^{\alpha}(t)}{\sum\limits_{j \in N_ki} \tau_{ij}^{\alpha}(t)}, & j \in N_ki \\ 0, & j \notin N_ki \end{cases} \tag{4.2}$$

式中 N_ki 是对于蚂蚁 k 来说,跟节点 i 相连接的可选节点集合。如果蚂蚁走在节点 i 时,$N_ki \in \varnothing$,那么将把节点 i 加入 N_ki 中。这么做会导致路径中有环出现,而这些环将会在形成完整路径后被去除。

在式(4.2)中,α 是一个正的常量,用于放大信息素浓度的影响。太大的 α 会过度增大信息素的影响,尤其是初期随机的信息素浓度,从而会导致算法快速收敛到次优路径。

一旦所有蚂蚁到达了终节点,并去除了路径中的环,每只蚂蚁将会沿原路径返回源节点,并沿途在每个边 (i,j) 上释放一定量的信息素 $\Delta\tau_{kij}$,其中 $L_k(t)$ 是该路径在第 t 步那段路径的长度:

$$\Delta\tau_{kij} \propto \frac{1}{L_k(t)} \tag{4.3}$$

即:

$$\tau_{ij}(t+1) = \tau_{ij}(t) + \sum_{k=1}^{n_k} \Delta\tau_{kij}(t) \tag{4.4}$$

式中,n_k 表示蚂蚁的数量。

根据式(4.3),一条边的信息素浓度跟该边所在路径的优良度成正比 —— 路径越短越优。由式(4.3)计算出的所应释放的信息素量 $\Delta\tau_{kij}$ 代表相应路径的优良度。对于 SACO 来说,解(建立的路径)的优良简单地表示为该路径长度(也就是经历边的数

59

量)的倒数。而其他的测度同样适用,比如说经历每条边所带来的开销,或者路径的物理长度。一般来说,用 $x_k(t)$ 表示时刻 t 的解,用 $f(x_k(t))$ 表示解的质量。如果 $\Delta\tau_k$ 不与解的质量成比例,且所有的蚂蚁释放相同的信息素量(即 $\Delta\tau_{1ij}=\Delta\tau_{2ij}=\cdots=\Delta\tau_{n_kij}$),那么仅仅是路径的长度影响(短的返回时间造成信息素释放频率增大)蚂蚁倾向于选择短路径 —— 跟 Deneubourg 等人的实验观察很相似。由此我们得出蚂蚁算法中两种形式的解估量,分别是:

(1) 隐式估量,路径长度的差异造成蚂蚁间的相互影响。

(2) 显式估量,信息素的释放量跟路径的优良度成正比。

如果信息素的释放量跟解的估量值成反比[如式(4.3)],那么 $f(x_k(t))$ 越大(表示解越差),$1/f(x_k(t))$ 越小,信息素的释放量也就越少。那么,长的路径促使该路径上的所有边在路径选择中对蚂蚁的吸引力减小。在这种情况下,需要最小化目标函数值 f。

很多迭代终止标准都可应用于算法 4.2,举例如下:

- 当算法达到预定的最大迭代次数 n_t;
- 当解达到可接受的精度 $f(x_k(t))\leqslant\varepsilon$;
- 当所有蚂蚁收敛到同一路径。

算法 4.2　简单蚁群优化算法

将 $\tau_{ij}(0)$ 初始化为一个小随机值;

$t=0$;

将 n_k 只蚂蚁置于源节点;

repeat

　　for 每只蚂蚁 $k=1,2,\cdots,n_k$ do

　　　　// 建立路径 $x_k(t)$

　　　　$x_k(t)\in\varnothing$;

　　　　repeat

　　　　　　根据式(4.2)计算的概率选择下一个节点;

　　　　　　将边 (i,j) 添加到路径 $x_k(t)$;

　　　　until 到达终节点

　　　　去除路径 $x_k(t)$ 中所有的环;

　　　　计算路径的长度 $f(x_k(t))$;

　　end

　　for 图中每条边 (i,j) do

　　　　// 信息素挥发

　　　　根据式(4.5),挥发信息素得到新的 $\tau_{ij}(t)$;

　　end

　　for 每只蚂蚁 $k=1,\cdots,n_k$ do

```
for 每条边(i, j) of x_k(t) do
    Δτ_k = 1/f(x_k(t));
        根据式(4.4)更新 τ_ij;
    end
  end
```

$t = t + 1;$

until 终止条件为真

返回 $f(x_k(t))$ 最小的解 $x_k(t)$;

最初的双桥实验表明蚂蚁很快收敛到一个解,从而探索新路径的时间非常短。为了促使蚂蚁更多地探索新路径,避免早熟收敛的发生,各边上的信息素引进挥发机制在每次迭代中,新的信息素释放之前,对原有的信息素,进行一定量地挥发。对于每条边上的信息素,采用

$$\tau_{ij}(t) \leftarrow (1-\rho)\tau_{ij}(t) \tag{4.5}$$

式中,$\rho \in [0, 1]$。常量 ρ 表示信息素挥发的速度——蚂蚁对之前决策的遗忘。也就是说,ρ 控制以前搜索历史的影响。较大的 ρ,表示挥发速度快;较小的 ρ 表示挥发速度慢。挥发速度越大,则搜索越具随机性,搜索更彻底。当 $\rho = 1$ 时,搜索变为完全随机搜索。

我们应该注意到,各个蚂蚁的简单行为促成了整体的协作性:每只蚂蚁根据其他蚂蚁释放的信息素量来选择下一个节点。这就是觅食蚁群的自催化行为。同时我们还应该注意到,这种决策信息仅限于蚂蚁的局部环境。

在实验中,Dorigo 和 Di Caro 发现:
- SACO 适用于简单图,大多情况下能在简单图中找到最短路径。
- 对于较大的图,算法变得不鲁棒,对参数敏感,性能较差。
- 蚂蚁数量较少时,算法能收敛到最短路径,但过多的蚂蚁会导致算法不收敛。
- 对于复杂的图来说,信息素的挥发变得更为重要。当 $\rho = 0$ 时(信息素不挥发),算法不收敛;而信息素挥发过多(ρ 过大)会导致算法收敛到次优路径。
- 对于较小的 α,算法一般可以收敛到最短路径。对复杂问题来说,大的 α 会导致更差的收敛性能。

在这些对简单蚁群优化算法的研究中,开发 - 探索的调和变得尤为重要。当研究新的机制时,应注意避免蚁群探索过少导致算法早熟收敛于次优路径,从而使得蚁群能开发可选路径。

4.3 蚁群优化算法的一般框架

众多蚁群算法有一个共同的特点:它们都在模拟真实蚂蚁的觅食行为。这些蚁群优化算法有着共同的特点与相同的组成部分,而这些是与要解决的离散优化问题

无关的。因此,很多研究致力于建立一个蚁群优化算法的一般框架。本节概述这样的一般框架。

蚁群优化算法通常来讲是群体随机搜索算法,用于解决特定的组合优化问题。这些问题一般具有以下特点。

(1) 搜索空间是离散的。

(2) 一组有限的约束条件。

(3) 一个解,通常表示为一组有序的节点序列。

(4) 一个代价函数,为搜索算法生成的解计算对应的代价;解的每一部分都会对解的代价产生影响。

(5) 一个有限的节点集合,用于构建解。

(6) 一个有限的节点间的可能转移的集合。

(7) 一个节点序列的有限集合,用于表示所有的有效组合,来定义完整的搜索空间;组合的有效性、可行性由约束条件决定。

有了这些问题特点,我们可以看出,优化算法的目标就是建立一个可行解,使得该解(用节点序列表示)的开销最小(对于最小化问题),并且解的序列是基于有效转移规则的有效序列。

蚁群优化算法要求待解决的问题由一个图表示,且图由有限的节点和有限的边构成。每一个节点代表解的一部分,每一条边表示从一个节点到另一个节点的转移。每条边都被赋予了一个开销值。蚁群优化算法的目标就是遍历该图来建立一条最短路径。所建立的路径代表一个构件序列 —— 优化问题的一个解。路径是增量建立起来的,而每个新节点的加入都经过了对部分路径的优化过程。部分路径(或部分序列)代表解的一个状态。

蚁群优化算法使用蚁群并行地对多个解进行搜索。在蚂蚁遍历图的过程中,每只蚂蚁增量地建立一个解。在此过程中,蚂蚁利用局部信息 —— 信息素浓度和启发式信息 —— 来决定下一个节点。与此同时,蚂蚁还修改它们所经路径上的边的信息素浓度,因此改变了环境。这些修改使得蚂蚁间可以间接地交换路径倾向性信息,从而达到合作的目的。为了完成建立最优路径的任务,蚂蚁拥有如下的属性与特点。

(1) 蚂蚁有记忆功能来保存建立的路径信息。该记忆主要用于保证满足约束条件,比如每个节点只允许访问一次。该记忆还用于原路径返回,来释放信息素,增强对应边上的信息素浓度。

(2) 每只蚂蚁为每个状态决定一些可选的邻节点。其中包括所有的从当前节点有效转移可到达的节点。之后蚂蚁进入一个新的状态(部分解)。

(3) 每只蚂蚁都被分配一个初始状态,对应初始节点。

(4) 每只蚂蚁都有对应的一个或多个终止条件。终止条件包括:路径达到限定的最大节点数,找到了可接受的解,或者到达终节点。

(5) 每只蚂蚁根据概率转移规则从可选邻节点列表中选取下一个节点。

（6）每只蚂蚁都拥有修改所经历路径上的信息素浓度的能力（作为与其他蚂蚁通信的方式）。

蚁群优化算法有很多共同的组成部分，这些组成部分以相同的方式组合起来用于模拟真实蚁群的协同行为。其中包括：

（1）一群蚂蚁。

（2）生成和激活蚂蚁的机制。

（3）信息素挥发机制。

（4）守护行为。

（5）终止条件。

守护行为指的是那些不是蚂蚁单独执行的行为。比如：用局部搜索算法来精炼已建立的路径，或者收集全局信息用于给相应的边增加信息素。这种信息素更新机制是离线信息素更新，目标是使得搜索过程倾向于蚁群已找到的最优解。

终止条件包括（当以下条件满足时终止搜索）：

（1）超过了最大迭代次数。

（2）已经建立一个开销可接受的解。

（3）有停滞现象发生。

（4）平均分支因子 λ 相对于最大理论平均分支因子过小。

蚂蚁算法将蚂蚁随机地或者确定性地放置到图上，并激活蚂蚁开始建立各自的路径。为了完成任务，需要以下的组成部分：

（1）状态转移规则，用于概率性地决定下一状态。

（2）在线信息素更新。

有两种在线信息素更新规则可选择，在线逐步信息素更新（又被称为局部更新）和在线延迟更新（又被称为全局更新）。

基于蚁群优化算法的主要特点和主要组成部分，研究者通过改变转移规则、信息素更新规则、守护行为的实施，得到不同的算法。不同的问题可以通过将问题映射到具有上述特点的图，并定义特定的局部搜索守护行为来解决。

4.4　蚁群算法的应用

第一个蚁群算法（ACO）AS 是为了解决经典的旅行商问题（TSP）而发展起来的。从那时起，ACO 被应用到许多优化问题中，其中大部分是离散问题。这些优化问题包括二次分配、作业调度、子集问题等经典问题，以及网络路由、车辆路线规划、电力系统中的经济调度、数据挖掘、生物信息等实际问题。在发展和应用 ACO 解决离散优化问题的同时，解决诸如函数拟合、神经网络训练、连续函数寻优等连续优化问题的算法变种也发展了起来。本节概述应用 ACO 解决的一些问题。由于 ACO 有大量的应用，因而要对其进行深入全面的介绍也是不可能的，本节尽量覆盖具有不同特征的各类应用。

本节将所讨论的离散优化问题分为主要的几类问题,即排序问题、分配问题、子集问题和分组问题。每类问题中举例说明蚁群算法的应用。

下面首先总结一个问题能够用 ACO 求解的条件。

4.4.1 一般要求

ACO 能用于这样的优化问题,对其可定义如下一些与问题有关的方面:

(1) 一个合适的"图表示"用于表示离散搜索空间。该图应该能够精确地表示所有状态及状态间的转化。同时也必须定义一个解的表示方案。

(2) 一个"自催化(正)反馈过程",即更新信息素浓度的机制,保证当前的成功能够积极影响后来的解的构造。

(3) 在图表示中节点间连接的"启发式倾向度"。

(4) 一个"约束满足方法",保证仅构造出可行解。

(5) 一个"解构造方法",定义解的构造方式以及状态转移概率。

除了以上要求,解的构造方法也可以指定一种"局部搜索启发方式"来完善解。

下面的内容会尽量指明以上的各方面对于所讨论的问题是如何定义的。

4.4.2 排序问题

这一节以旅行优化问题为例,解释怎样用 ACO 来解决那些解的组成成分具有特定顺序的一类问题。此外 ACO 在其他排序问题,例如车辆路线规划问题和各类调度问题中也用应用。

旅行优化问题是从给定的访问地点集合中寻找使目标函数最优,且不破坏约束条件的路径的一类组合优化问题。这类问题的不同实例是通过改变代价函数和约束条件而得到的。其中一个特例是判别给定的图是否为哈密尔顿图,即能否构造出访问图 G 的所有 n_G 个节点的长为 n_G 的节点序列。这种情况下不用代价函数,约束条件是所有节点都必须被且仅被访问一次。

旅行商问题(TSP)是一个经典的寻找哈密尔顿最短旅行路程的路径优化问题。TSP 是 ACO 首先被应用到的问题。它是一个 NP -难(NP-hard)的组合优化问题,也是 ACO 研究中最常用的问题。本节将介绍怎样应用 ACO 解决 TSP 问题。

1. 问题定义

给定 n_π 个城市的集合,目标是找到遍历每个城市的最短长度闭合(哈密尔顿)路径。令 π 表示作为城市 $\{1, \cdots, n_\pi\}$ 的一个排列的解,$\pi(i)$ 表示第 i 个访问的城市。$\Pi(n_\pi)$ 是 $\{1, \cdots, n_\pi\}$ 所有排列的集合,即搜索空间。TSP 可形式化地定义为寻找最优排列:

$$\pi^* = \arg \min_{\pi \in \Pi(n_\pi)} f(\pi) \tag{4.6}$$

式中:

$$f(\pi) = \sum_{i,j=1}^{n_\pi} d_{ij} \tag{4.7}$$

是目标函数,d_{ij} 是城市 i 和 j 之间的距离。令 $D = [d_{ij}]_{n_\pi \times n_\pi}$ 表示距离矩阵。根据距离矩阵的特点可定义 TSP 的两个版本。如果对于所有的 $i, j = 1, 2, \cdots, n_\pi, d_{ij} = d_{ji}$,则称为对称 TSP(symmetric TSP,STSP);如果 $d_{ij} \neq d_{ji}$,距离矩阵是非对称的,则称为非对称 TSP(asymmetric TSP,ATSP)。

2. 问题的描述

描述图是一个三元组,$G = (V, E, D)$,V 是节点集,每个节点代表一个城市,E 表示城市间的连接,D 是给每一个连接 $(i, j) \in E$ 赋权值的距离矩阵。一个解用表达城市访问顺序的有序序列 $\pi = \{1, 2, \cdots, n_\pi\}$ 来表示。

3. 启发式倾向度

把城市 j 置于 i 之后的倾向度计算如下所示:

$$\eta_{ij}(t) = \frac{1}{d_{ij}(t)} \tag{4.8}$$

式中包含时间 t,可以涵盖距离随时间变化的动态问题。

4. 约束满足

TSP 定义了两个约束条件:

(1) 必须访问所有城市。

(2) 每个城市只能被访问一次。

为保证每个城市只被访问一次,为每个部分解维护一个包含所有已访问城市的禁忌表。γ_k 标记第 k 只蚂蚁的禁忌表。$N_{ki}(t) = V / \gamma_k(t)$ 是到达城市 i 后尚未访问的城市集合。每个解包含 n 个城市,并根据禁忌表的结果来满足第一个约束条件。

5. 解的构造

将蚂蚁随机地放置在节点(城市)上,每只蚂蚁可利用前面所讨论的任意一个 ACO 的转移概率来选择下一个城市,逐步构造出解来。

6. 局部搜索

广泛应用到 TSP 上的搜索启发式是 2-opt 和 3-opt 启发式。每一种启发式在路径中移走两条边,并以唯一的另一可能方式重新连接节点。如果路径的代价改进了,便接受修改。2-opt 启发式如图 4.5(a) 所示。3-opt 启发式从路径中移走三条边,并连接节点形成两条替代路径。保留原始路径和两个替代路径中的最优者。3-opt 启发式如图 4.5(b) 所示。对于 ATSP,实现了 3-opt 的一个变体,它仅允许那些不改变城市访问顺序的交换。

4.4.3 分配问题

分配问题包括这些优化问题,它们的目标是给变量的一个有限集合赋值以最优化给定的代价函数,并满足所有约束条件。这一节以约束满足问题为例,说明怎样应

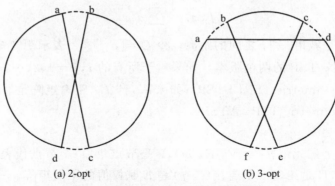

(a) 2-opt (b) 3-opt

图 4.5 2-opt 和 3-opt 局部搜索启发式

用 ACO 来解决分配问题。

约束满足问题(CSP)自然地被描述为约束图,这使得它们能够用 ACO 来解决。本节将说明怎样用 ACO 来解决二维 CSP。ACO 能解决各类 CSP,因为任何 CSP 都能够转化为等价的二维 CSP。

1. 问题定义

一般的 CSP 可以定义为一个三元组(X,dom,C),其中:

(1) $X = (x_1, x_2, \cdots, x_{n_x})$ 是变量集。

(2) dom 是将一个变量映射到它的值域 $\mathrm{dom}(x_i)$ 的函数,这个值域是能够分配给 x_i 的值的有限集合。

(3) C 是限制条件的集合,它定义了对能够同时分配给变量的值的约束。

它的目标是找到不破坏约束条件的对于变量值的一个分配。

二元 CSP(binary CSP,bCSP)只有二元约束,即只含有两个变量的约束。

2. 问题描述

如前所述,经典的解决 CSP 的方法是将问题描述为一个约束图,节点表示变量,边表示约束。这样就能简单地将问题映射到能够运用 ACO 的描述图。图的每个顶点可为每个变量分配值,$x_i = v$,$x_i \in X$,$v \in \mathrm{dom}(x_i)$。任一对相应于不同变量的节点之间都有一条边。

解 π 是一个分配 $\pi = (x_1 = v_1, x_2 = v_2, \cdots, x_{n_x} = v_{n_x})$。

3. 解的构造

将蚂蚁随机地放置到描述图的节点。每只蚂蚁通过逐步给变量分配值来构造解。每只蚂蚁必须访问对应于每个变量的一个节点,并只访问一个特定变量的变量值节点。在解构造过程中的每一步,选择一个尚未分配的变量 x_i。可以随机或者按一定的顺序选择。比如,可以采用最小域排序,首先选择那些相对于已经分配的变量具有最少一致值(consistent value)的变量。

对于已选的变量 x_i,从基于如下概率方程的值域中选择一个值 $v \in \mathrm{dom}(x_i)$:

$$p_{i=v}^{k}(t) = \frac{\left(\sum\limits_{x_j=w \in \pi} (\tau_{j=w,i=v}(t))^{\alpha} \eta_{i=v}^{\beta}(t)\right)}{\sum\limits_{m \in \text{dom}(x_i)} \left(\sum\limits_{x_j=w \in \pi} (\tau_{j=w,i=m}(t))^{\alpha} \eta_{j=w}^{\beta}(t)\right)} \tag{4.9}$$

式中,表示分配 $x_i = v$ 和 $x_i = w$ 的两个节点间的信息素用 $\tau_{j=w,i=v}$ 标识。

4. 启发式倾向度

分配 $x_i = v$ 的倾向度的计算方法如下:

$$\eta_{i=v}(t) = \frac{1}{1 + f(\pi_k(t) \bigcup \{x_i = v\}) - f(\pi_k(t))} \tag{4.10}$$

式中,$f(\pi_k(t))$ 指在时间 t 蚂蚁 k 的部分解破坏约束的次数。

5. 约束满足

除了必须满足的约束集,另一个唯一的约束是必须给所有的变量分配一个值。这个约束集通过代价函数在式(4.10)中提到了。通过从未分配的变量中选择下一个节点,确保针对所有变量完成 n_π 次分配。

6. 局部搜索启发式

用最少冲突启发式来完善解。随机选择一个冲突的变量,并做出一个新的使冲突最小的值分配。首先选择具有最多冲突的变量做修复,而不是随机选择冲突的变量。一个完整分配的冲突最少化过程进行到没有更多的冲突减少时为止。

4.4.4 子集问题

子集问题与排序和分配问题很不相同。一般地说,子集问题(subset problem,SSP)的目标是从有 $n(n \geqslant n_s)$ 个元素的集合中选择有 n_s 个元素的最优子集,使得给定的目标函数最优,并不破坏约束条件。因此,这里没有路径的概念。部分解并不定义解中各元素的顺序,下一个元素的选择也不一定受上次进入部分解的元素的影响。而且 SSP 的解不一定是同大小的。应用 ACO 来解决 SSP,应该注意如下的一些方面。首先是应该细化描述图使用的方式。以 $G = (V, E)$ 来表示这个图。然后,V 中的每个节点表达元素集 S 中的一个元素。节点是全连接的,以便于可以任意选择下一个元素(当然要在特定问题的约束下面)。信息素和启示值与边无关。相反,每个元素 x_i 都有其自身的信息素值 τ_i 和启示值 η_i。用 $P_{ki}(t)$ 表示蚂蚁 k 在时间 t 包含元素 x_i 的概率。在解的维数大小不一的情况下,定义表示特定问题得到解的一些条件。比如确定一个最大的元素数目 $n_{\max} \leqslant n$ 来检测蚂蚁构造解的过程的终止。在重新建立描述图时,标准 ACO 的转移规则和信息素更新规则都可以得到应用。

这一节以多背包问题为例,说明怎样应用 ACO 来解决子集问题。

多背包问题(mutiple knapsack problem,MKP)可以形式化地定义为

$$\text{最大化} \sum_{i=1}^{n_s} d_i x_i$$

$$\text{满足} \sum_{i=1}^{n_s} r_{ij} x_i \leqslant R_j, j = 1, 2, \cdots, n_g$$

$$x_i \in \{0,1\}, \quad i=1,2,\cdots,n_\pi \tag{4.11}$$

式中，d_i 表示元素 i 的"收益"；r_{ij} 是元素 i 消耗资源 j 的单位数；R_j 是资源 j 的可利用量；x_i 表示元素 i 是否在解当中。对所有的 $i,j,R_j \geqslant 0,d_i > 0,0 \leqslant r_{ij} \leqslant R_j \leqslant \sum_{i=1}^{n_s} r_{ij}$。

1. 问题描述

如前所述，描述图的每个节点表示集合中的一个元素，节点间是全连接的。一个解 π，包含 S 的一个子集，解的每个部分是集合 S 中的一个元素。

2. 解的构造

将蚂蚁放置在同一个节点，或者随机地放置到选定的节点上。每只蚂蚁基于转移概率 $P_{ki}(t)$（可以采用任一转移概率，但是如前所述，τ_i 和 η_i 的意义有所变化），每一步选择下一个节点（元素）来逐渐构造出解 π_k。当选择了 n_{max} 个元素或者解的质量达到一定的阈值后便停止解的构造。

由于 MKP 是一个最大化问题，解 π_k 的信息素释放量计算方法如下：

$$\Delta\tau_{ki}(t) = \begin{cases} Qf(\pi_k(t)), & i \in \pi_k(t) \\ 0, & \text{其他} \end{cases} \tag{4.12}$$

式中，$f(\pi_k(t))$ 是解 $\pi_k(t)$ 的目标函数值，且 $Q = \dfrac{1}{\sum_{i=1}^{n_s} d_i}$。

3. 启发式倾向度

启示值 $\eta_i(t)$，表示将集合 S 中的元素 i 加入由蚂蚁 k 构造的部分解 $\pi_k(t)$ 的倾向度。倾向度作为部分解的函数，计算方法如下：

$$\eta_i(t) = \frac{d_i}{\bar\delta_{ki}(t)} \tag{4.13}$$

式中，$\bar\delta_{ki}(t)$ 是所有约束的平均强度，$i=1,\cdots,n_g$，如果元素 i 应该被加入 $\pi_{k(t)}$，则：

$$\bar\delta_{ki}(t) = \frac{\sum_{j=1}^{n_s} \delta_{kij}(t)}{n_g} \tag{4.14}$$

式中，$\delta_{kij}(t)$ 给出约束 j 对元素 i 的约束强度，对应于部分解 $\pi_k(t)$：

$$\delta_{kij}(t) = \frac{r_{ij}}{R_j - u_{kj}(t)} \tag{4.15}$$

式中

$$u_{kj}(t) = \sum_{i \in \pi_k(t)} r_{ij} \tag{4.16}$$

是蚂蚁 k 的部分解在时间 t 消耗的资源 j。

基于式（4.13），S 中消耗较少资源的元素将比消耗较多资源的元素以更大的概率被选中。这个启发式有助于构造包含尽可能多满足约束条件的 S 中元素的解。

4. 约束满足

一个元素只能被选择一次。为了满足这个约束，维持一个禁忌表 $\gamma_k(t)$ 来包含所有已选择的元素。从 $S \backslash \gamma_k(t)$ 中选择新的元素，如果其他元素满足所有约束条件。

4.4.5　分组问题

分组问题的目标是将一个元素集合分割成若干组，使得给定的代价函数最优且满足所有约束条件。分组问题可以通过将其转化为分配问题来解决。这一节以装箱问题为例，说明怎样应用 ACO 来解决分组问题。

装箱问题（bin packing，BP）的定义如下：给定经过加权的元素集合 S，将元素分装入最小数目的箱子，并满足箱子容量限制。S 中的元素大小各不相同。

1. 问题描述

以图 $G = \langle V, E \rangle$ 来描述这个问题，节点集 V 代表元素，集合 S 中的每个元素与一个节点相关。这里采用无向图，$E = \{(i, j) \mid i, j \in V\}$。

一个解是将元素分到若干箱子的分配的集合。即 $\pi(i) = b_l$ 标识元素 i 被装入箱子 b_l 中。如果 $n_s = |S|$ 是待装箱的元素数量，则每个解包含分到 $n_b (n_b \leqslant n_s)$ 个箱子的 n 个分配。

2. 解的构造

每只蚂蚁从空箱和没发生任何分配的情况下开始逐步构造解。随机地将蚂蚁放置到节点上，在每个构造步骤中，根据如下的概率函数选择放入箱子 b_l 中去的下一个元素 j：

$$p_{kjl}(t) = \begin{cases} \dfrac{\tau_{jl}(t)\,\eta_j^\beta}{\sum\limits_{j \in N_{kjl}(t)} \tau_{jl}(t)\,\eta_i^\beta}, & j \in N_{kjl}(t), \\ 0, & \text{其他} \end{cases} \tag{4.17}$$

式中，$N_{kjl}(t)$ 是能够装入当前箱子 b_l 中的元素的集合。蚂蚁是从第一个箱子开始，直到没有元素能够装入这个箱子后，才使用新的箱子。当所有解能够分配到箱子后，解的构造过程完成。

信息素值计算方法如下：

$$\tau_{il}(t) = \begin{cases} \dfrac{\sum\limits_{j \in b_l} \tau_{ij}(t)}{|b_l|}, & b_l \neq \varnothing \\ 1, & \text{其他} \end{cases} \tag{4.18}$$

信息素值 τ_{ij} 表示将大小为 $s(i)$ 和 $s(j)$ 的元素放入同一个箱子中的倾向度。边 (i, j) 的信息素浓度用最大最小蚂蚁系统（Max-Min Ant System，MMAS）来更新，但是：

$$\tau_{ij}(t+1) = (1-\rho)\tau_{ij} + n_{ij}f(\pi^+(t)) \tag{4.19}$$

式中，n_{ij} 是大小为 $s(i)$ 和 $s(j)$ 的元素在最优解 $\pi^+(t)$（全局最优或当前迭代最优）中出现的次数。目标函数定义为最小化箱子的数目，即

$$f(\pi) = \frac{\sum_{l=1}^{n_b} \left[s(b_l)/c_l \right]^{\gamma}}{n_b} \qquad (4.20)$$

式中，$s(b_l)$ 是箱子 b_l 的容量；参数 γ 用来将重点转向各个目标，填满箱子或者是最小化箱子数目。

3. 启发式倾向度

采用最适递减启发式，最大的元素有最高的被选择概率：

$$\eta_j = s(j) \qquad (4.21)$$

式中，$s(j)$ 是元素 j 的大小。

4. 约束满足

装箱问题定义了两个约束：

(1) 每个元素必须被分配到一个箱子。

(2) 放在箱子中的元素不能破坏箱子的容量约束。

这两个约束都通过包含所有能放入箱子 b_l 中的元素的邻集 M 来实现。一个元素在没有被分配，且在 $s(i) \leqslant c_l - \sum_{j \in b_l} s(j)$ 的情况下能够放入箱子中，其中，c_l 是箱子 b_l 的最大容量。不断地分配元素直到所有节点被访问，以此保证所有元素都被分配到箱子中。

5. 局部搜索启发式

用局部搜索来改进解，装入元素最少的 n 个箱子被移除，并释放其中的元素。对于剩下的箱子，用释放出的元素来替代箱子中原有的元素，以期增大箱子的容量。局部搜索算法持续不断地尝试将一个箱子中的两个元素用两个释放出的元素替代，箱子中的两个元素用一个释放出的元素替代，以及箱子中的一个元素用一个释放出的元素替代。在一系列尝试之后，利用最适递减启发式将剩下的未装箱元素插入解中，以生成一个新解。重复这个过程直到适应度得不到提高为止。

4.5   本章小结

本节综述了能够采用基于蚁群觅食行为建模的 ACO 来求解的各类问题。对离散和连续的优化问题进行了举例讨论，说明了如何用图来描述问题，怎样利用图来构造解，怎样维护信息素值。关于 ACO 的其他应用可参见相关文献。

习   题

1. 人工蚂蚁决策过程是什么？

2. 简单蚁群优化算法思想是什么？

3. 蚁群算法终止条件可以有哪些？

4. 蚁群算法在哪些领域得以应用？

第5章

数据预处理

当今现实世界中的数据库极易受噪声数据、遗漏数据和不一致性数据的侵扰，因为数据库太大，常常多达数千兆字节，甚至更多。"如何预处理数据，提高数据质量，从而提高挖掘结果的质量？"你可能会问，"怎样预处理数据，使得挖掘过程更加有效、更加容易？"

有大量数据预处理技术。数据清理可以去掉数据中的噪声，纠正不一致。数据集成将数据由多个源合并成一致的数据存储，如数据仓库或数据立方体。数据变换（如规范化）也可以使用。例如，规范化可以改进涉及距离度量的挖掘算法的精度和有效性。数据归约可以通过聚集、删除冗余特征或聚类等方法来压缩数据。这些数据处理技术在数据挖掘之前使用，可以大大提高数据挖掘模式的质量，降低实际挖掘所需要的时间。

本章，你将学习数据预处理的方法。这些方法包括：数据清理、数据集成和转换、数据归约。本章还讨论数据离散化和概念分层，它们是数据归约的一种替换形式。概念分层可以进一步用于多抽象层挖掘。你将学习如何由给定的数据自动地产生概念分层。

5.1　为什么要预处理数据？

想象你是 AllElectronics 的经理，负责分析涉及部门的公司数据。你立即着手进行这项工作。你仔细地研究和审查公司的数据库或数据仓库，找出应当包含在你的分析中的属性或维，如 item，price 和 units_sold。你注意到，许多元组在一些属性上没有值。你希望知道每种销售商品是否通过广告降价销售，但你又发现这些信息根本未被记录。此外，你的数据库系统用户已经报告一些错误、不寻常的值和某些事务记录中的不一致性。换言之，你希望使用数据挖掘技术分析的数据是不完整的（有些感兴趣的属性缺少属性值，或仅包含聚集数据），含噪声的（包含错误，或存在偏离期望的孤立点），并且是不一致的（例如，用于商品分类的部门编码存在差异）。

存在不完整的、含噪声的和不一致的数据，是大型的、现实世界数据库或数据仓库的共同特点。不完整数据的出现可能有多种原因。有些感兴趣的属性，如销售事务数据中顾客的信息，并非总是可用的。其他数据没有包含在内，可能只是因为输入时被认为是不重要的。相关数据没有记录是由于理解错误，或者因为设备故障。此外，记录历史或修改的数据可能被忽略。与其他数据不一致的数据可以删除。遗漏的数据，特别是某些属性上缺少值的元组可能需要推导出来。

数据含噪声(具有不正确的属性值)可能有多种原因。收集数据的设备可能出故障;人的或计算机的错误可能在数据输入时出现;数据传输中的错误也可能出现。这些可能是由于技术的限制,如用于数据传输同步的缓冲区大小的限制。不正确的数据也可能是由于命名或所用的数据代码不一致而导致的。重复元组也需要数据清理。

数据清理例程通过填写遗漏的值,平滑噪声数据,识别、删除孤立点,并解决不一致来"清理"数据。"脏"数据造成挖掘过程陷入困惑,导致不可靠的输出。尽管大部分挖掘例程都有一些过程,处理不完整或噪声数据,但它们并非总是强壮的。相反,它们更致力于避免数据过分适合所建的模型。这样,一个有用的预处理步骤是使用某些清理例程清理你的数据。在第5.2节我们将讨论清理数据的方法。

回到你在 AllElectronics 的任务,假定你想在你的分析中包含来自多个数据源的数据。这涉及集成多个数据库、数据立方体或文件,即数据集成。代表同一概念的属性在不同的数据库中可能具有不同的名字,这又导致不一致性和冗余。例如,关于顾客标识符的属性在一种数据存储中为 customer_id,而在另一种中为 cust_id。命名的不一致还可能出现在属性值中。例如,同名的人可能在一个数据库中登记为 Bill,在第二个数据库中登记为 William,而在第三个数据库中登记为 B。此外,你可能会觉察到,有些属性可能是由其他属性导出的(例如,年收入)。含大量冗余数据可能降低知识发现过程的性能或使之陷入困惑。显然,除数据清理之外,必须采取步骤,避免数据集成时的冗余。通常,在为数据仓库准备数据时,数据清理和集成将作为预处理步骤进行。还可以再次进行数据清理,检测和移去可能由集成导致的冗余。

回到你的数据,如果你决定要使用诸如神经网络、最临近分类或聚类这样的基于距离的挖掘算法进行你的分析。如果要分析的数据已规格化,即按比例映射到一个特定的区间 $[0.0, 1.0]$,这种方法能得到较好的结果。例如,你的顾客数据包含年龄和年薪属性。年薪属性的取值范围可能比年龄更大。这样,如果属性未规格化,在年薪上距离度量所取的权重一般要超过在年龄度量上所取的权重。此外,对于你的分析,得到每个地区的销售额这样的聚集信息可能是有用的。这种信息不在你的数据仓库的任何预计算的数据立方体中。你很快意识到,数据变换操作,如规格化和聚集,是导向挖掘过程成功的预处理过程。数据集成和数据变换将在第5.3节讨论。

随着你进一步考虑数据,你想知道"我所选择用于数据分析的数据集太大了——它肯定降低挖掘过程的速度。有没有办法使我能够'压缩'我的数据集,而又不损害数据挖掘的结果?"数据归约得到数据集的压缩表示,它小得多,但能够产生同样的(或几乎同样的)分析结果。有许多数据归约策略,包括数据聚集(例如,建立数据立方体)、维归约(例如,通过相关分析,去掉不相关的属性)、数据压缩(例如,使用诸如最短编码或小波等编码方案)和数字归约(例如,使用聚类或参数模型等较短的表示"替换"数据)。泛化也可以"归约"数据。泛化用较高层的概念替换较低层的概念;例如,用地区或省／州替换城市。概念分层将概念组织在不同的抽象层。数据归约是第5.4节的主题。由于概念分层对于多抽象层上的数据挖掘是非常有用的,因此我们另用一节来讨论这种重要数据结构的产生。在第5.5节我们将讨论概念分层的产生,通过数据离散化进行数据归约。

图5.1总结了这里讨论的数据预处理步骤。注意,上面的分类不是互斥的。例如,冗余数据的删除既是数据清理,也是数据归约。

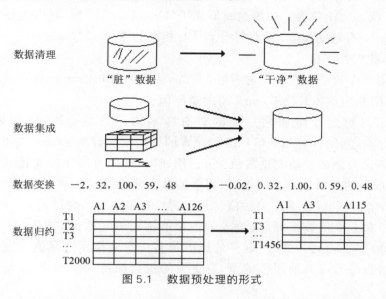

图5.1　数据预处理的形式

概言之,现实世界的数据一般是脏的、不完整的和不一致的。数据预处理技术可以改进数据的质量,从而有助于提高其后的挖掘过程的精度和性能。由于高质量的决策必然依赖于高质量的数据,因此数据预处理是知识发现过程的重要步骤。检测数据异常,尽早地调整数据,并归约待分析的数据,将在决策制定时得到高回报。

5.2　数据清理

现实世界的数据一般是脏的、不完整的和不一致的。数据清理例程试图填充遗漏的值,识别孤立点,消除噪音,并纠正数据中的不一致。本节,我们将研究数据清理的基本方法。

5.2.1　遗漏值

想象你要分析 AllElectronics 的销售和顾客数据。你注意到许多元组的一些属性(如顾客的收入)没有记录值。你怎样才能为该属性填上遗漏的值?让我们看看下面的方法。

（1）忽略元组：当类标号缺少时通常这样做（假定挖掘任务涉及分类或描述）。除非元组有多个属性缺少值，否则该方法不是很有效。当每个属性缺少值的百分比很高时，它的性能非常差。

（2）人工填写遗漏值：一般来说，该方法很费时，并且当数据集很大，缺少很多值时，该方法可能行不通。

（3）使用一个全局常量填充遗漏值：将遗漏的属性值用同一个常数（如"Unknown"或 $-\infty$）替换。如果遗漏值都用"Unknown"替换，挖掘程序可能误以为它们形成了一个有趣的概念，因为它们都具有相同的值——"Unknown"。因此，尽管该方法简单，我们并不推荐它。

（4）使用属性的平均值填充遗漏值：例如，假定 AllElectronics 顾客的平均收入为 28000 美元，则使用该值替换 income 中的遗漏值。

（5）使用与给定元组属同一类的所有样本的平均值：例如，如果将顾客按 credit_risk 分类，则用具有相同信用度的顾客的平均收入替换 income 中的遗漏值。

（6）使用最可能的值填充遗漏值：可以用回归、使用贝叶斯形式化方法或判定树归纳等基于推导的工具确定。例如，利用你的数据集中其他顾客的属性，你可以构造一棵判定树，来预测 income 的遗漏值。判定树将在第 6 章详细讨论。

方法（3）到（6）使数据倾斜，填入的值可能不正确。然而，方法（6）是最常用的方法。与其他方法相比，它使用现存数据的最多信息来推测遗漏值。在估计 income 的遗漏值时，通过考虑其他属性的值，有更大的机会保持 income 和其他属性之间的联系。

5.2.2　噪声数据

"什么是噪声？"噪声是测量变量的随机错误或偏差。给定一个数值属性，例如 price，我们怎样才能平滑数据，去掉噪声？让我们看看下面的数据平滑技术。

（1）分箱：分箱方法通过考察"邻居"（周围的值）来平滑存储数据的值。存储的值被分布到一些"桶"或箱中。由于分箱方法导致值相邻，因此它进行局部平滑。图 5.2 表示了一些分箱技术。在该例中，price 数据首先被划分并存入等深的箱中（深度为 3）。对于按平均值平滑，箱中每一个值被箱中的平均值替换。例如，箱 1 中的值 4,8 和 15 的平均值是 9；这样，该箱中的每一个值被替换为 9。类似地，可以使用按中值平滑。此时，箱中的每一个值被箱中的中值替换。对于按边界平滑，箱中的最大值和最小值同样被视为边界。箱中的每一个值被最近的边界值替换。一般来说，宽度越大，平滑效果越大。箱也可以是等宽的，每个箱值的区间范围是个常量。分箱也可以作为一种离散化技术使用。

price 的排序后数据(元)：4，8，15，21，21，24，25，28，34
划分为(等深的)箱：

箱1：4，8，15
箱2：21，21，24
箱3：25，28，34

用平均值平滑：

箱1：9，9，9
箱2：22，22，22
箱3：29，29，29

用边界平滑：

箱1：4，4，15
箱2：21，21，24
箱3：25，25，34

图 5.2 数据平滑的分箱方法

（2）聚类：孤立点可以被聚类检测。聚类将类似的值组织成群或"聚类"。直观地，落在聚类集合之外的值被视为孤立点(见图 5.3)。第 6 章将研究聚类。

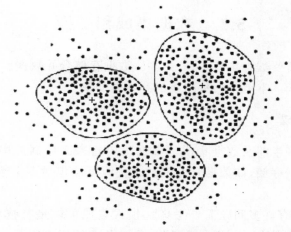

图 5.3 孤立点可以被聚类检测

（3）计算机和人工检查结合：可以通过计算机和人工检查结合的办法来识别孤立点。例如，在一种应用中，使用信息理论度量，帮助识别手写体字符数据库中的孤立点。度量值反映被判断的字符与已知的符号相比的"差异"程度。孤立点模式可能是提供信息的(例如，识别有用的数据例外，如字符"0"或"7"的不同版本)或者是"垃圾"(例如，错误的字符)。其差异程度大于某个阈值的模式输出到一个表中。人可以审查表中的模式，识别真正的垃圾数据。这比人工地搜索整个数据库快得多。在其后的数据挖掘应用时，垃圾模式将从数据库中清除掉。

（4）回归：可以通过让数据适合一个函数(如回归函数)来平滑数据。线性回归涉及找出适合两个变量的"最佳"直线，使得一个变量能够预测另一个。多线性回归是线性回归的扩展,它涉及多于两个变量,数据要适合一个多维面。使用回归,找出适合数据的数学方程式,能够帮助消除噪声。

许多数据平滑的方法也是涉及离散化的数据归约方法。例如,上面介绍的分箱技术减少了每个属性的不同值的数量。对于基于逻辑的数据挖掘方法(如判定树归纳),这充当了一种形式的数据归约。概念分层是一种数据离散化形式,也可以用于数据平滑。例如,price 的概念分层可以把 price 的值映射到 inexpensive、moderately_priced 和 expensive,从而减少了挖掘过程所处理的值的数量。

5.2.3　不一致数据

对于有些事务,所记录的数据可能存在不一致。有些数据不一致可以使用其他材料人工地加以更正。例如,数据输入时的错误可以使用纸上的记录加以更正。这可以与用来帮助纠正编码不一致的例程一块使用。知识工程工具也可以用来检测违反限制的数据。例如,知道属性间的函数依赖,可以查找违反函数依赖的值。

由于数据集成,也可能产生不一致:一个给定的属性在不同的数据库中可能具有不同的名字,也可能存在冗余。数据集成和冗余数据删除将在第 5.3.1 小节讨论。

5.3　数据集成和变换

数据挖掘经常需要数据集成 —— 由多个数据存储合并数据。数据还可能需要转换成适于挖掘的形式。本节介绍数据集成和数据变换。

5.3.1　数据集成

数据分析任务多半涉及数据集成。数据集成将多个数据源中的数据结合成、存放在一个一致的数据存储,如数据仓库中。这些源可能包括多个数据库、数据立方体或一般文件。

在数据集成时,有许多问题需要考虑。模式集成可能是有技巧的。来自多个信息源的现实世界的实体如何才能"匹配"? 这涉及实体识别问题。例如,数据分析者或计算机如何才能确信一个数据库中的 customer_id 和另一个数据库中的 cust_number 指的是同一实体? 通常,数据库和数据仓库有元数据 —— 关于数据的数据。这种元数据可以帮助避免模式集成中的错误。

冗余是另一个重要问题。一个属性是冗余的,如果它能由另一个表"导出",如年薪。属性或维命名的不一致也可能导致数据集中的冗余。

有些冗余可以被相关分析检测到。例如,给定两个属性,根据可用的数据,这种分析可以度量一个属性能在多大程度上蕴涵另一个。属性 A 和 B 之间的相关性可用下式度量:

$$r_{A,B} = \frac{\sum\limits_{i=1}^{N}(a_i - \bar{A})(b_i - \bar{B})}{N\sigma_A\sigma_B} = \frac{\sum\limits_{i=1}^{N}(a_i b_i) - N\bar{A}\bar{B}}{N\sigma_A\sigma_B} \tag{5.1}$$

其中,N 是元组个数,a_i 和 b_i 分别是元组 i 中 A 和 B 的值,$\bar{A}$ 和 $\bar{B}$ 分别是 A 和 B 的平均值,σ_A 和 σ_B 分别是 A 和 B 的标准差。如果式(5.1)的值大于 0,则 A 和 B 是正相关的,意味 A 的值随 B 的值增加而增加。该值越大,一个属性蕴涵另一个的可能性越大。因此,一个很大的值表明 A(或 B)可以作为冗余而被去掉。如果结果值等于 0,则 A 和 B 是独立的,它们之间不相关。如果结果值小于 0,则 A 和 B 是负相关的,一个值随另一个的值减少而增加。这表明每一个属性都阻止另一个出现。式(5.1)可以用来检测上面的 customer_id 和 cust_number 的相关性。相关分析在第 6.1.3 小节进一步讨论。

除了检测属性间的冗余外,"重复"也应当在元组级进行检测。重复是指对于同一数据,存在两个或多个相同的元组。

数据集成的第三个重要问题是数据值冲突的检测与处理。例如,对于现实世界的同一实体,来自不同数据源的属性值可能不同。这可能是因为表示、比例或编码不同。例如,重量属性可能在一个系统中以公制单位存放,而在另一个系统中以英制单位存放。不同旅馆的价格不仅可能涉及不同的货币,而且可能涉及不同的服务(如免费早餐)和税。数据这种语义上的异种性,是数据集成的巨大挑战。

仔细将多个数据源中的数据集成起来,能够减少或避免结果数据集中数据的冗余和不一致性。这有助于提高其后挖掘的精度和速度。

5.3.2　数据变换

数据变换将数据转换成适合于挖掘的形式。数据变换可能涉及如下内容:

(1)平滑:去掉数据中的噪声。这种技术包括分箱、聚类和回归。

(2)聚集:对数据进行汇总和聚集。例如,可以聚集日销售数据,计算月和年销售额。通常,这一步用来为多粒度数据分析构造数据立方体。

(3)数据泛化:使用概念分层,用高层次概念替换低层次"原始"数据。例如,分类的属性,如 street,可以泛化为较高层的概念,如 city 或 country。类似地,数值属性,如 age,可以映射到较高层概念,如 young,middle_aged 和 senior。

(4)规范化:将属性数据按比例缩放,使之落入一个小的特定区间,如 $-1.0 \sim 1.0$ 或 $0.0 \sim 1.0$。

(5)属性构造(或特征构造):可以构造新的属性并添加到属性集中,以帮助挖掘过程。

平滑是一种数据清理形式,已在第 5.2.2 小节讨论。聚集和泛化也是一种数据归约形式,并分别将在第 5.4 节和第 5.5 节讨论。本节,我们讨论规范化和属性构造。

通过将属性数据按比例缩放,使之落入一个小的特定区间,如 $0.0 \sim 1.0$,对属性规范化。对于距离度量分类算法,如涉及神经网络或诸如最临近分类和聚类的分类算法,规范化特别有用。如果使用神经网络后向传播算法进行分类挖掘,对于训练样本属性输入值规范化将有助于加快学习阶段的速度。对于基于距离的方法,规范化可以帮助防止具有较大初始值域的属性(例如 income)与具有较小初始值域的属性(例如二进位属性)相比,权重过大。有许多数据规范化的方法,我们将学习三种:最小-最大规范化、z-score 规范化和小数定标规范化。

最小-最大规范化对原始数据进行线性变换。假定 $\min_A$ 和 $\max_A$ 分别为属性 A 的最小值和最大值。最小-最大规范化通过计算

$$v' = \frac{v - \min_A}{\max_A - \min_A}(\text{new\_}\max_A - \text{new\_}\min_A) + \text{new\_}\min_A \qquad (5.2)$$

将 A 的值 v 映射到区间$[\text{new\_min}_A, \text{new\_max}_A]$ 中的 v'。

最小-最大规范化保持原始数据值之间的关系。如果今后的输入落在 A 的原始数据区之外,该方法将面临"越界"错误。

例 5.1 假定属性 income 的最小值与最大值分别为 12000 美元 和 98000 美元。我们想映射 income 到区间$[0.0, 0.1]$。根据最小-最大规范化,income 值 73600 美元将变换为

$$\frac{73600 - 12000}{98000 - 12000}(1.0 - 0) + 0 = 0.716$$

在 z-score 规范化(或零 - 均值规范化)中,属性 A 的值基于 A 的平均值和标准差规范化。A 的值 v 被规范化为 v',由下式计算:

$$v' = \frac{v - \bar{A}}{\sigma_A} \qquad (5.3)$$

其中,$\bar{A}$ 和 σ_A 分别为属性 A 的平均值和标准差。当属性 A 的最大值和最小值未知,或孤立点影响了最小-最大规范化时,该方法是有用的。

例 5.2 假定属性 income 的平均值和标准差分别为 54000 美元和 16000 美元。使用 z-score 规范化,值 73600 美元被转换为

$$\frac{73600 - 54000}{16000} = 1.225$$

小数定标规范化通过移动属性 A 的小数点位置进行规范化。小数点的移动位数依赖于 A 的最大绝对值。A 的值 v 被规范化为 v',由下式计算:

$$v' = \frac{v}{10^j} \qquad (5.4)$$

其中,j 是使得 $\text{Max}(|v'|) < 1$ 的最小整数。

例 5.3 假定 A 的值在 -986 到 917。A 的最大绝对值为 986。为使用小数定标规范化,我们用 1000(即 $j = 3$)除每个值。这样,-986 被规范化为 -0.986。

注意,规范化将原来的数据改变很多,特别是上述的后两种方法。有必要保留规

范化参数（如平均值和标准差，如果使用 z-score 规范化），以便将来的数据可以用一致的方式规范化。

属性构造是由给定的属性构造和添加新的属性，以帮助提高精度和对高维数据结构的理解。例如，我们可能根据属性 height 和 width 添加属性 area。通过组合属性，属性构造可以发现关于数据属性间联系的丢失信息，这对知识发现是有用的。

5.4　数据归约

假定你由 AllElectronics 数据仓库选择了数据，用于分析，数据集将非常大。在海量数据上进行复杂的数据分析和挖掘将需要很长时间，使得这种分析不现实或不可行。

数据归约技术可以用来得到数据集的归约表示，它小得多，但仍近似地保持原数据的完整性。这样，在归约后的数据集上挖掘将更有效，并产生相同（或几乎相同）的分析结果。

数据归约的策略如下：

（1）数据立方体聚集：聚集操作用于数据立方体中的数据。

（2）维归约：可以检测并删除不相关、弱相关或冗余的属性或维。

（3）数据压缩：使用编码机制压缩数据集。

（4）数值归约：用替代的、较小的数据表示替换或估计数据，如参数模型（只需要存放模型参数，而不是实际数据）或非参数方法，如聚类、选样和使用直方图。

（5）离散化和概念分层产生：属性的原始值用区间值或较高层的概念替换。概念分层允许挖掘多个抽象层上的数据，是数据挖掘的一种强有力的工具。

我们将概念分层的自动产生推迟到第 5.5 节讨论，策略（1）至（4）在本节的剩余部分讨论。要注意，用于数据压缩的时间不应当超过或"抵消"在归约后数据上挖掘节省的时间。

5.4.1　数据立方体聚集

想象你已经为你的分析收集了数据。这些数据由 AllElectronics 从 1997 年到 1999 年每季度的销售数据组成。然而，你感兴趣的是年销售额（每年的总销售额），而不是每季度的总销售额。可以对这种数据再聚集，使得结果数据汇总每年的总销售额，而不是每季度的总销售额。该聚集如图 5.4 所示。结果数据量小得多，并不丢失分析任务所需的信息。

数据立方体已在第 2 章讨论。为完整起见，我们在这简略回顾一下。数据立方体存放多维聚集信息。例如，图 5.5 所示数据立方体用于 AllElectronics 所有分部每类商品年销售多维数据分析。每个单元存放一个聚集值，对应于多维空间的一个数据点。每个属性可能存在概念分层，允许在多个抽象层进行数据分析。例如，branch 的

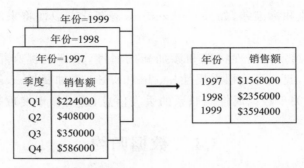

图 5.4　AllElectronics 从 1997 年到 1999 年的销售数据

注：左部销售数据按季度显示，右部数据聚集以提供年销售额。

分层允许分部按它们的地址聚集成地区。数据立方体提供对预计算的汇总数据进行快速访问，因此它适合联机数据分析和数据挖掘。

创建在最底层的数据立方体被称为基本方体。最高层抽象的数据立方体被称为顶点方体。对于图 5.5 所示的销售数据，顶点方体将给出一个汇总值 —— 所有商品类型、所有分部三年的总销售额。对不同层创建的数据立方体称为方体，因此"数据立方体"可以看作方体的格。每个较高层的抽象将进一步减少结果数据。

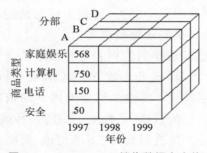

图 5.5　AllElectronics 销售数据立方体

基本方体应当对应于感兴趣的实体，如 sales 或 customer。换言之，最低层对于分析应当是有用的。由于数据立方体提供了对预计算的汇总数据的快速访问，在响应关于聚集信息的查询时应当使用它们。当响应 OLAP 查询或数据挖掘查询时，应当使用与给定任务相关的最小方体。

5.4.2　维归约

用于数据分析的数据可能包含数以百计的属性，其中大部分属性与挖掘任务不相关，是冗余的。例如，如果分析任务是按顾客听到广告后，是否愿意在 AllElectronics 买流行的新款 CD 将顾客分类，与属性 age，music_taste 不同，诸如顾客的电话号码等属性多半是不相关的。尽管领域专家可以挑选出有用的属性，但这可能是一项困难而费时的任务，特别是当数据的行为不清楚的时候更是如此。遗漏相关属性或留下不相关属性是有害的，会导致所用的挖掘算法无所适从。这可能导致发现的模式质量很差。此外,不相关或冗余的属性增加了数据量,可能会减慢挖掘进程。

维归约通过删除不相关的属性(或维)减少数据量,通常使用属性子集选择方法。属性子集选择的目标是找出最小属性集,使得数据类的概率分布尽可能地接近使用所有属性的原分布。在压缩的属性集上挖掘还有其他的优点。它减少了出现在发现模式上的属性的数目,使得模式更易于理解。

"如何找出原属性的一个'好的'子集?"d 个属性有 $2d$ 个可能的子集。穷举搜索找出属性的最佳子集可能是不现实的,特别是当 d 和数据类的数目增加时。因此,对于属性子集选择,通常使用压缩搜索空间的启发式算法。通常,这些算法是贪心算法,在搜索属性空间时,总是做看上去是最佳的选择。它们的策略是做局部最优选择,期望由此导致全局最优解。在实践中,这种贪心方法是有效的,并可以逼近最优解。

"最好的"(或"最差的")属性使用统计测试来选择。这种测试假定属性是相互独立的。也可以使用一些其他属性估计度量,如使用信息增益度量建立分类判定树。

属性子集选择的基本启发式方法包括以下技术,其中一些图示在图 5.6 中。

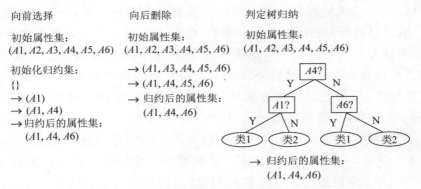

图 5.6 属性子集选择的贪心(启发式)方法

(1)逐步向前选择:该过程由空属性集开始,选择原属性集中最好的属性,并将它添加到该集合中。在其后的每一次迭代,将原属性集剩下的属性中的最好的属性添加到该集合中。

(2)逐步向后删除:该过程由整个属性集开始。在每一步,删除掉尚在属性集中的最坏属性。

(3)向前选择和向后删除的结合:向前选择和向后删除方法可以结合在一起,每一步选择一个最好的属性,并在剩余属性中删除一个最坏的属性。

方法(1)到(3)的结束条件可以有多种。过程可以使用一个阈值来确定是否停止属性选择过程。

(4)判定树归纳:判定树算法,如 ID3 和 C4.5 最初是用于分类的。判定树归纳构造一个类似于流程图的结构,其每个内部(非树叶)节点表示一个属性上的测试,每个分支对应于测试的一个输出,每个外部(树叶)节点表示一个判定类。在每个节点,算法选择"最好"的属性,将数据划分成类。

当判定树归纳用于属性子集选择时,树由给定的数据构造。不出现在树中的所有属性假定是不相关的。出现在树中的属性形成归约后的属性子集。

5.4.3 数据压缩

在数据压缩时,应用数据编码或变换,以便得到原数据的归约或"压缩"表示。如果原数据可以由压缩数据重新构造而不丢失任何信息,则所使用的数据压缩技术是无损的。如果我们只能重新构造原数据的近似表示,则该数据压缩技术是有损的。有一些很好的串压缩算法,尽管它们是无损的,但它们只允许有限的数据操作。本小节我们介绍另外两种流行、有效的有损数据压缩方法:小波变换和主要成分分析。

1. 小波变换

离散小波变换(DWT)是一种线性信号处理技术,当用于数据向量 D 时,将它转换成不同的数值向量小波系数 D'。两个向量具有相同的长度。

你可能会感到奇怪:"如果小波变换后的数据与原数据的长度相等,这种技术如何用于数据压缩?"关键在于小波变换后的数据可以裁减。仅存放一小部分最强的小波系数,就能保留近似的压缩数据。例如,保留大于用户设定的某个阈值的小波系数,其他系数置为 0。这样,结果数据表示非常稀疏,使得如果在小波空间进行的话,利用数据稀疏特点的操作计算得非常快。该技术也能用于消除噪声,而不会平滑掉数据的主要特性,使得它们也能有效地用于数据清理。给定一组系数,使用所用的 DWT 的逆变换,可以构造原数据的近似。

DWT 与离散傅里叶变换(DFT)有密切关系。DFT 是一种涉及正弦和余弦的信号处理技术。然而,一般地说,DWT 是一种较好的有损压缩。对于给定的数据向量,如果 DWT 和 DFT 保留相同数目的系数,DWT 将提供原数据更精确的近似。因此,对于等价的近似,DWT 比 DFT 需要的空间小。与 DFT 不同,小波空间局部性相当好,有助于保留局部细节。

只有一种 DFT,但有若干族 DWT。图 5.7 给出一些小波族。流行的小波变换包括 Haar-2,Daubechies-4 和 Daubechies-6 变换。应用离散小波变换的一般过程使用一种分层金字塔算法,它在每次迭代将数据减半,导致很快的计算速度。该方法如下:

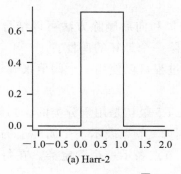
(a) Harr-2

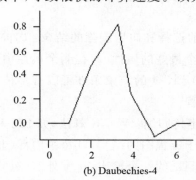
(b) Daubechies-4

图 5.7　小波族的例子

（1）输入数据向量的长度 L 必须是2的整数幂。必要时，通过在数据向量后添加0，可以满足这一条件。

（2）每个变换涉及应用两个函数。第一个使用某种数据平滑，如求和或加权平均。第二个进行加权差分，产生数据的细节特征。

（3）两个函数作用于输入数据对，产生两个长度为 $L/2$ 的数据集。一般地，它们分别代表输入数据的平滑后或低频的版本和它的高频内容。

（4）两个函数递归地作用于前面循环得到的数据集，直到结果数据集的长度为2。

（5）由以上迭代得到的数据集中选择值，指定其为数据变换的小波系数。等价地，可以将矩阵乘法用于输入数据，以得到小波系数。所用的矩阵依赖于给定的 DWT。

矩阵必须是标准正交的。它们的列是单位向量并相互正交，使得矩阵的逆矩阵是它的转置。尽管受篇幅限制，这里我们不再讨论，但这种性质允许由平滑和平滑-差数据集重构数据。通过将矩阵分解成几个稀疏矩阵，对于长度为 n 的输入向量，"快速 DWT" 算法的复杂度为 $O(n)$。

小波变换可以用于多维数据，如数据立方体。可以按以下方法做：首先将变换用于第一个维，然后用于第二个，如此下去。计算复杂性对于方中单元的个数是线性的。对于稀疏或倾斜数据、具有有序属性的数据，小波变换给出很好的结果。据报道，小波变换的有损压缩比当前的商业标准 JPEG 压缩好。小波变换有许多实际应用，包括手写体图像压缩、计算机视觉、时间序列数据分析和数据清理。

2. 主要成分分析

这里，作为一种数据压缩方法，我们直观地介绍主要成分分析。详细的讨论已超出本书范围。假定待压缩的数据由 N 个元组或数据向量组成，取自 k 维。主要成分分析（PCA，又称 Karhunen-Loeve 或 K-L 方法）搜索 c 个最能代表数据的 k 维正交向量；这里 $c \leqslant k$。这样，原来的数据投影到一个较小的空间，导致数据压缩。PCA 可以作为一种维归约形式使用。然而，不像属性子集选择通过保留原属性集的一个子集来减少属性集的大小，PCA 通过创建一个替换的、较小的变量集"组合"属性的本质。原数据可以投影到该较小的集合中。

基本过程如下：

（1）对输入数据规范化，使得每个属性都落入相同的区间。此步确保具有较大定义域的属性不会主宰具有较小定义域的属性。

（2）PCA 计算 c 个规范正交向量，作为规范化输入数据的基。这些是单位向量，每一个都垂直于另一个。这些向量被称为主要成分。输入数据是主要成分的线性组合。

（3）对主要成分按"意义"或强度降序排列。主要成分基本上充当数据的一组新坐标轴，提供重要的方差信息。对轴排序，使得第一个轴显示的数据方差最大，第二个显示的方差次之，如此下去。例如，图5.8展示对原来映射到轴 X_1 和 X_2 的给定数据集的两个主要成分 Y_1 和 Y_2。这一信息帮助识别数据中的分组或模式。

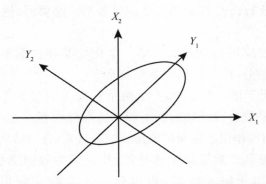

图5.8 主要成分分析（Y_1 和 Y_2 是给定数据的前两个主要成分）

（4）既然主要成分根据"意义"降序排列，就可以通过去掉较弱的成分（方差较小的那些）来压缩数据。使用最强的主要成分，应当可能重构原数据的很好的近似值。

PCA 计算花费低，可以用于有序和无序的属性，并且可以处理稀疏和倾斜数据，多于 2 维的数据，可以通过将问题归约为 2 维来处理。例如，对于具有维 item_type，branch 和 year 的 3-D 数据立方体，你必须首先将它归约为 2-D 方体，如具有维 item_type 和 branch_year 的方体。与数据压缩的小波变换相比，PCA 能较好地处理稀疏数据，而小波变换更适合高维数据。

5.4.4　数值归约

"我们能通过选择替代的、'较小的'数据表示形式来减少数据量吗？"数值归约技术可以用于这一目的。这些技术可以是有参的，也可以是无参的。对于有参方法，使用一个模型来评估数据，使得只需要存放参数，而不是实际数据（孤立点也可能被存放）。对数线性模型是一个例子，它估计离散的多维概率分布。存放数据归约表示的非参数的方法包括直方图、聚类和选样。

让我们来看看上面提到的每种数值归约技术。

1. 回归和对数线性模型

回归和对数线性模型可以用来近似给定数据。在线性回归中，对数据建模，使之适合一条直线。例如，可以用以下公式，将随机变量 Y（称作响应变量）表示为另一随机变量 X（称为预测变量）的线性函数

$$Y = wX + b \qquad (5.5)$$

这里，假定 Y 的方差是常量。系数 w 和 b（称为回归系数）分别为直线的 Y 轴截取和斜率。系数可以用最小平方法求得，使得分离数据的实际直线与该直线间的误差最小。多元回归是线性回归的扩充，响应变量是多维特征向量的线性函数。

对数线性模型近似离散的多维概率分布。基于较小的方体形成数据立方体的格，该方法可以用于估计具有离散属性集的基本方体中每个单元的概率。这允许由较低维的数据立方体构造较高维的数据立方体。这样，对数线性对于数据压缩是有

用的(因为低维的方体总共占用的空间小于基本方体占用的空间);对数据平滑也是有用的(因为与用基本方体进行估计相比,用低维方体对单元进行估计选样变化小一些)。

回归和对数线性模型都可以用于稀疏数据,尽管它们的应用可能是受限的。虽然两种方法都可以用于倾斜数据,回归可望更好。当用于高维数据时,回归可能是计算密集的,而对数线性模型表现出很好的可规模性,可以扩展到 10 维左右。

2. 直方图

直方图使用分箱近似数据分布,是一种流行的数据归约形式。属性 A 的直方图将 A 的数据分布划分为不相交的子集或桶。桶安放在水平轴上,而桶的高度(和面积)是该桶所代表的值的平均频率。如果每个桶只代表单个属性值 - 频率对,则该桶称为单桶。通常,桶表示给定属性的一个连续区间。

例 5.4 下面的数据是 AllElectronics 通常销售的商品的单价表(按美元取整)。已对数据进行了排序:1,1,5,5,5,5,5,8,8,10,10,10,10,12,14,14,14,15,15,15,15,15,15,18,18,18,18,18,18,18,18,20,20,20,20,20,20,20,21,21,21,21,25,25,25,25,25,25,28,28,30,30,30。

图 5.9 使用单桶显示了这些数据的直方图。为进一步压缩数据,通常让一个桶代表给定属性的一个连续值域。在图 5.10 中每个桶代表 price 的一个不同的 10 美元区间。

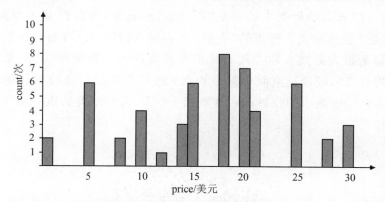

图 5.9 使用单桶的 price 直方图 —— 每个桶代表一个 price 值-频率对

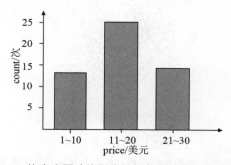

图 5.10 price 的直方图(值聚集使得每个桶宽度都是 10 美元)

"如何确定桶和属性值的划分？"有一些划分规则,包括如下:

(1) 等宽:在等宽的直方图中,每个桶的宽度区间是一个常数(如图 5.10 中每个桶的宽度为 10 美元)。

(2) 等深(或等高):在等深的直方图中,桶这样创建,使得每个桶的频率粗略地为常数(每个桶大致包含相同个数的临近样本)。

(3) V 最优:给定桶个数,如果我们考虑所有可能的直方图,V 最优直方图是具有最小偏差的直方图。直方图的偏差是每个桶代表的原数据的加权和,其中权等于桶中值的个数。

(4) MaxDiff:在 MaxDiff 直方图中,我们考虑每对相邻值之间的差。桶的边界是具有 $\beta - 1$ 个最大差的对;这里,β 由用户指定。

V 最优和 MaxDiff 直方图看来是最精确和最实用的。对于近似稀疏和稠密数据,以及高倾斜和一致的数据,直方图是高度有效的。上面介绍的单属性直方图可以推广到多属性。多维直方图可以表现属性间的依赖。业已发现,这种直方图对于多达 5 个属性能够有效地近似数据。对于更高维,多维直方图的有效性尚需进一步研究。对于存放具有高频率的例外者,单桶是有用的。

3. 聚类

聚类技术将数据元组视为对象。它将对象划分为群或聚类,使得在一个聚类中的对象"类似",但与其他聚类中的对象"不类似"。通常,类似性基于距离,用对象在空间中的"接近"程度定义。聚类的"质量"可以用"直径"表示;而直径是一个聚类中两个任意对象的最大距离。质心距离是聚类质量的另一种度量,它定义为由聚类质心(表示"平均对象",或聚类空间中的平均点)到每个聚类对象的平均距离。图 5.11 展示关于顾客在一个城市中位置的顾客数据 2-D 图,每个聚类的质心用"+"显示,3 个数据聚类已标出。

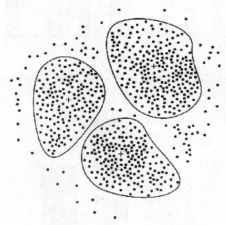

图 5.11　顾客数据的 2-D 图

注:本图展示关于顾客在一个城市中的位置;有 3 个聚类,每个聚类的质心用"+"标记。

在数据归约时,用数据的聚类表示替换实际数据。该技术的有效性依赖于数据的性质。如果数据能够组织成不同的聚类,该技术有效得多。

在数据库系统中,多维索引树主要用于提供对数据的快速访问。它也能用于分层数据的归约,提供数据的多维聚类。这可以用于提供查询的近似回答。对于给定的数据集合,索引树动态地划分多维空间,其树根节点代表整个空间。通常,这种树是平衡的,由内部节点和树叶节点组成。每个父节点包含一些关键字和指向子女节点的指针,子女节点一起代表父节点代表的空间。每个树叶节点包含指向它所代表的数据元组(或实际元组)的指针。

这样,索引树可以在不同的清晰度或抽象层存放聚集和细节数据。它为数据集合的聚类提供了分层结构;其中,每个聚类有一个标号,存放包含在聚类中的数据。如果我们把父节点的每个子女看作一个桶,则索引树可以看作一个分层的直方图。例如,考虑图5.12所示B+树的根,它具有指向数据键986,3396,5411,8392和9544的指针。假定树包含10000个元组,其键值由1到9999。则树中的数据可以用6个桶的等深直方图近似,其键值分别从1到985,986到3395,3396到5410,5411到8391,8392到9543,9544到9999。每个桶大约包含10000/6个数据项。类似地,每个桶被分成较小的桶,允许在更细的层次聚集数据。作为数据清晰度的一种形式,使用多维索引树依赖于每一维属性值的次序。多维索引树包括R树、四叉树和它们的变形。它们都非常适合处理稀疏数据和倾斜数据。

有许多定义聚类和聚类质量的度量。聚类方法将在第6章进一步讨论。

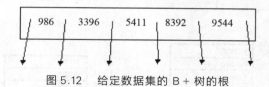

图 5.12   给定数据集的 B + 树的根

4. 选样

选样可以作为一种数据归约技术使用,因为它允许用数据的较小随机样本(子集)表示大的数据集。假定大的数据集 D 包含 N 个元组。我们看看对 D 的可能选样。

(1) 简单选择 n 个样本,不回放(SRSWOR):由 D 的 N 个元组中抽取 n 个样本($n < N$);其中,D 中任何元组被抽取的概率均为 $1/N$,即所有元组是等可能的。

(2) 简单选择 n 个样本,回放(SRSWR):该方法类似于 SRSWOR,不同在于当一个元组被抽取后,记录它,然后放回去。这样,一个元组被抽取后,它又被放回 D,以便它可以再次被抽取。

(3) 聚类选样:如果 D 中的元组被分组放入 M 个互不相交的"聚类",则可以得到聚类的 m 个简单随机选样;这里,$m < M$。例如,数据库中元组通常一次取一页,这样每页就可以被视为一个聚类。例如,可以将 SRSWOR 用于页,得到元组的聚类样本,

由此得到数据的归约表示。

（4）分层选样：如果 D 被划分成互不相交的部分，称作"层"，则通过对每一层的简单随机选样就可以得到 D 的分层选样。特别是当数据倾斜时，这可以帮助确保样本的代表性。例如，可以得到关于顾客数据的一个分层选样，其中分层对顾客的每个年龄组创建。这样，肯定能够表示具有最少顾客数目的年龄组。

这些选样如图 5.13 所示。它们代表最常用的数据归约选样形式。采用选样进行数据归约的优点是，得到样本的花费正比例于样本的大小 n，而不是数据的大小 N。

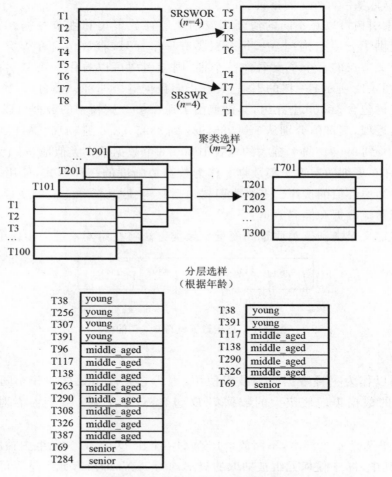

图 5.13　选样可以用于数据归约

因此，选样的复杂性线性相关于数值的维数。其他数据归约技术至少需要完全扫描 D。对于固定的样本大小，选样的复杂性仅随数据的维数 d 线性地增加；而其他技术，如使用直方图，复杂性随 d 指数增长。

用于数据归约时，选样最常用来回答聚集查询。在指定的误差范围内，可以确定（使用中心极限定理）估计一个给定的函数所需的样本大小。样本的大小 n 相对于 N

可能非常小。对于归约数据的渐进提炼,选样是一种自然选择。这样的集合可以通过简单地增加样本大小而进一步提炼。

5.5 离散化和概念分层产生

通过将属性域划分为区间,离散化技术可以用来减少给定连续属性值的个数。区间的标号可以替代实际的数据值。如果使用基于判定树的分类挖掘方法,减少属性值的数量特别有好处。通常,这种方法是递归的,大量的时间花在每一步的数据排序上。因此,待排序的不同值越少,这种方法就应当越快。许多离散化技术都可以使用,以便提供属性值的分层或多维划分 —— 概念分层。概念分层对于多个抽象层上的挖掘是非常有用的。

对于给定的数值属性,概念分层定义了该属性的一个离散化。通过收集并用较高层的概念(对于年龄属性,如 young,middle-aged 和 senior)替换较低层的概念(如年龄的数值值),概念分层可以用来归约数据。通过这种泛化,尽管细节丢失了,但泛化后的数据更有意义、更容易解释,并且所需的空间比原数据少。在归约的数据上进行挖掘,与在大的、未泛化的数据上挖掘相比,所需的 I/O 操作更少,并且更有效。属性price 的概念分层例子在图 5.14 给出。对于同一个属性可以定义多个概念分层,以适合不同用户的需要。

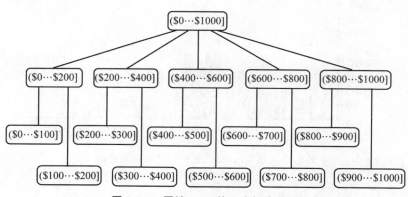

图 5.14 属性 price 的一个概念分层

对于用户或领域专家,人工地定义概念分层可能是一项乏味、耗时的任务。幸好,许多分层蕴涵在数据库模式中,并且可以在模式定义级定义。概念分层常常自动地产生,或根据数据分布的统计分析动态地加以提炼。

让我们来看看数值和分类数据的概念分层的产生。

5.5.1 数值数据的离散化和概念分层产生

对于数值属性,说明概念分层是困难的和乏味的,这是由于数据的可能取值范围发散和数据值的更新频繁。这种人工的说明还可能非常随意。

数值属性的概念分层可以根据数据分布分析自动地构造。我们考察五种数值概念分层产生方法：分箱、直方图分析、聚类分析、基于熵的离散化和通过"自然划分"的数据分段。

1. 分箱

第 5.2.2 小节讨论了数据平滑的分箱方法。这些方法也是离散化形式。例如，通过将数据分布到箱中，并用箱中的平均值或中值替换箱中的每个值，可以将属性值离散化，例如用箱的平均值或箱的中值平滑。这些技术可以递归地作用于结果划分，产生概念分层。

2. 直方图分析

第 5.4.4 小节讨论的直方图也可以用于离散化。图 5.15 给出了一个直方图，显示某给定数据集 price 属性的数据分布。例如，频率最高的价格大约在 300～325 美元。可以使用划分规则定义值的范围。例如，在等宽的直方图中，将值划分成相等的部分或区间。如（＄0，＄100]，（＄100，＄200]，…，（＄900，＄1000]。在等深的直方图中，值被划分使得每一部分包括相同个数的样本。直方图分析算法递归地用于每一部分，自动地产生多级概念分层，直到到达一个预先设定的概念层数，过程终止。也可以对每一层、使用最小区间长度来控制递归过程。最小区间长度设定每层每部分的最小宽度，或每层每部分中值的最少数目。

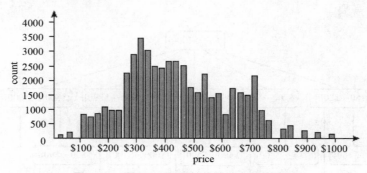

图 5.15　显示 price 属性的值分布的直方图

3. 聚类分析

聚类算法可以用来将数据划分成聚类或群。每一个聚类形成概念分层的一个节点，而所有的节点在同一概念层。每一个聚类可以进一步分成若干子聚类，形成较低的概念层。聚类也可以聚集在一起，以形成分层结构中较高的概念层。数据挖掘的聚类方法将在第 6 章讨论。

4. 基于熵的离散化

一种基于信息的度量称作熵，可以用来递归地划分数值属性 A 的值，产生分层的离散化。这种离散化形成属性的数值概念分层。给定一个数据元组的集合 S，基于熵对 A 离散化的方法如下：

（1）A 的每个值可以认为是一个潜在的区间边界或阈值 split_point。例如，A 的

值 v 可以将样 D 划分成分别满足条件 $A \leqslant split\_point$ 和 $A > split\_point$ 的两个子集，这样就创建了一个二元离散化。

（2）给定 S，所选择的阈值是这样的值，它使其后划分得到的信息增益最大。信息增益是

$$\mathrm{Info}_A(D) = \frac{|D_1|}{|D|}\mathrm{Entropy}(D_1) + \frac{|D_2|}{|D|}\mathrm{Entropy}(D_2) \tag{5.6}$$

其中，D_1 和 D_2 分别对应于 D 中满足条件 $A \leqslant split\_point$ 和 $A > split\_point$ 的样本，$|D|$ 是 D 中元组的个数，其余类推。对于给定的集合，它的熵函数 Entropy 根据集合中样本的类分布来计算。例如，给定 m 个类，D_1 的熵是

$$\mathrm{Entropy}(D_1) = -\sum_{i=1}^{m} p_i \log_2(p_i) \tag{5.7}$$

其中，p_i 是类 i 在 D_1 中的概率，等于 D_1 中类 i 的样本数除以 D_1 中的样本总数。$\mathrm{Entropy}(D_2)$ 的值可以类似地计算。

（3）确定阈值的过程递归地用于所得到的每个分划，直到满足某个终止条件。

基于熵的离散化可以压缩数据量。与迄今为止提到的其他方法不同，基于熵的离散化使用类信息。这使得它更有可能将区间边界定义在准确位置，有助于提高分类的准确性。这里介绍的信息增益和熵也用于判定树归纳。

5. 通过自然划分分段

尽管分箱、直方图、聚类和基于熵的离散化对于数值分层的产生是有用的，但是许多用户希望看到数值区域被划分为相对一致的，易于阅读的，看上去直观或"自然"的区间。例如，更希望将年薪划分成例如（\$50000，\$60000]的区间，而不是像由某种复杂的聚类技术得到的（\$51263.98，\$60872.34]那样。

3-4-5 规则可以用于将数值数据划分成相对一致、"自然的"区间。一般地，该规则根据最重要的数字上的值区域，递归地、逐层地将给定的数据区域划分为 3，4 或 5 个等长的区间。该规则如下：

（1）如果一个区间在最重要的数字上包含 3，6，7 或 9 个不同的值，则将该区间划分成 3 个区间（对于 3，6 和 9，划分成 3 个等宽的区间；而对于 7，按 2-3-2 分组，划分成 3 个区间）。

（2）如果它在最重要的数字上包含 2，4 或 8 个不同的值，则将区间划分成 4 个等宽的区间。

（3）如果它在最重要的数字上包含 1，5 或 10 个不同的值，则将区间划分成 5 个等宽的区间。

该规则可以递归地用于每个区间，为给定的数值属性创建概念分层。由于在数据集中可能有特别大的正值和负值，最高层分段简单地按最小值和最大值可能导致扭曲的结果。例如，在资产数据集中，少数人的资产可能比其他人高几个数量级。按照最高资产值分段可能导致高度倾斜的分层。这样，顶层分段可以根据代表给定数

据大多数的数据区间(例如,第5个百分位数到第95个百分位数)进行。越出顶层分段的特别高和特别低的值将用类似的方法形成单独的区间。

下面是一个自动构造数值分层的例子,解释3-4-5规则的使用。

例5.5 假定 AllElectronics 所有分部1999年的利润覆盖了一个很宽的区间,由—\$351976.00 到 \$4700896.50。用户希望自动地产生利润的概念分层。为了改进可读性,我们使用记号(l…r]表示区间(1,r)。 例如,(—\$1000000…\$0]表示由—\$1000000(开的)到\$0(闭的)的区间。假定数据的第5个百分位数到第95个百分位数在—\$159876 和 \$1838761 之间。使用3-4-5规则的结果如图5.16所示。

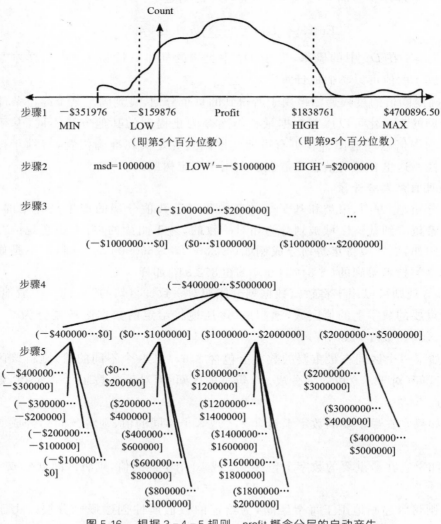

图5.16 根据3-4-5规则,profit概念分层的自动产生

(1)根据以上信息,最小和最大值分别为 MIN =—\$351976.00 和 MAX = \$4700896.50。 对于分段的顶层或第一层,要考虑的最低(第5个百分位数)和最高

（第 95 个百分位数）值是：LOW＝－＄159876，HIGH＝＄1838761。

（2）给定 LOW 和 HIGH，最重要的数字在一百万美元数字位（即 msd＝
＄1000000）。LOW 向下对一百万美元数字位取整，得到 LOW′＝－＄1000000；
HIGH 向上对一百万美元数字位取整，得到 HIGH′＝＋＄2000000。

（3）由于该区间在最重要的数字上跨越了三个值，即（2000000 －（－1000000））
/1000000 ＝ 3，根据 3 － 4 － 5 规则，该区间被划分成三个等宽的区间：
（－＄1000000…＄0]，（＄0…＄1000000] 和（＄1000000…＄2000000]。这代表分层结
构的最顶层。

（4）现在，我们考察 MIN 和 MAX，看它们"适合"在第一层分划的什么地方。由
于第一个区间（－＄1000000…＄0] 覆盖了 MIN 值（LOW′＜MIN），我们可以调整该
区间的左边界，使区间更小一点。MIN 的最重要数字在十万数字位。MIN 向下对十
万数字位取整，得到 MIN′＝－＄400000。因此，第一个区间被重新定义
为（－＄400000…＄0]。

由于最后一个区间（＄1000000…＄2000000] 不包含 MAX 值，即 MAX＞HIGH′，我
们需要创建一个新的区间来覆盖它。对 MAX 向上对最重要数字位取整，新的区间为
（＄2000000…＄5000000]。因此，分层结构的最顶层包含 4 个区间：（－＄400000…＄0]，
（＄0…＄1000000]，（＄1000000…＄2000000] 和（＄2000000…＄5000000]。

（5）递归地，每一个区间可以根据 3 － 4 － 5 规则进一步划分，形成分层结构的下一
个较低层：

- 第一个区间（－＄400000…＄0] 划分成 4 个子区间：（－＄400000…－＄300000]，
（－＄300000 －＄200000]，（－＄200000 －＄100000] 和（－＄100000…＄0]。

- 第二个区间（＄0…＄1000000] 划分成 5 个子区间：（＄0…＄200000]，
（＄200000…＄400000]，（＄400000…＄600000]，（＄600000…＄800000] 和（＄800000…
＄1000000]。

- 第三个区间（＄1000000…＄2000000] 划分成 5 个子区间：（＄1000000…＄1200000]，
（＄1200000…＄1400000]，（＄1400000…＄1600000]，（＄1600000…＄1800000]
和（＄1800000…＄2000000]。

- 最后一个区间（＄2000000…＄5000000] 划分成 3 个子区间：（＄2000000…＄3000000]，
（＄3000000…＄4000000] 和（＄4000000…＄5000000]。

类似地，如果必要的话，3 － 4 － 5 规则可以在较低的层上继续迭代。

5.5.2 分类数据的概念分层产生

分类数据是离散数据。一个分类属性具有有限个（但可能很多）不同值，值之间
无序。例子有地理位置、工作分类和商品类型等。有一些典型的方法产生分类数据
的概念分层。

由用户或专家在模式级显式地说明属性的部分序：通常，分类属性或维的概念分

层涉及一组属性。用户或专家在模式级通过说明属性的部分序或全序,可以很容易地定义概念分层。例如,关系数据库或数据仓库的维 location 可能包含如下一组属性:street,city,province_or_state 和 country。可以在模式级说明一个全序,如 street < city < province_or_state < country,来定义分层结构。

通过显式数据分组说明分层结构的一部分:这基本上是人工地定义概念分层结构的一部分。在一个大型数据库中,通过显式的值枚举定义整个概念分层是不现实的。然而,对于一小部分中间层数据,显式指出分组是现实的。例如,在模式级说明了 province 和 country 形成一个分层后,可能想人工地添加某些中间层。如显式地定义"{Albert,Sakatchewan,Manitoba} ⊂ prairies_Canada"和"{British Columbia,prairies_Canada} ⊂ Western_Canada"。

说明属性集但不说明它们的偏序:用户可以说明一个属性集,形成概念分层,但并不显式说明它们的偏序。然后,系统试图自动地产生属性的序,构造有意义的概念分层。

你可能会问:"没有数据语义的知识,如何找出一个任意的分类属性集的分层序?"考虑下面的事实:由于一个较高层的概念通常包含若干从属的较低层概念,定义在高概念层的属性与定义在较低概念层的属性相比,通常包含较少数目的不同值。根据这一事实,可以根据给定属性集中每个属性不同值的个数,自动地产生概念分层。具有最多不同值的属性放在分层结构的最底层。一个属性的不同值个数越少,它在所产生的概念分层结构中所处的层越高。在许多情况下,这种启发式规则都很管用。在考察了所产生的分层之后,如果必要,局部层次交换或调整可以由用户或专家来做。

让我们看一个例子。

例5.6 假定用户对于 AllElectronics 的维 location 选定了属性集 street,country,province_or_state 和 city,但没有指出属性之间的层次序。

location 的概念分层可以按如下步骤自动地产生。首先,根据每个属性的不同值个数,将属性按降序排列。其结果如下(每个属性的不同值数目在括号中):country(15),province_or_state(365),city(3567),street(674,339)。其次,按照排好的次序,自顶向下产生分层,第一个属性在最顶层,最后一个属性在最底层。结果分层如图5.17所示。最后,用户可以考察所产生的分层,如果必要的话,修改它,以反映期望属性应满足的联系。在这个例子中,显然不需要修改产生的分层。

注意,不能把启发式规则推向极端,因为显然有些情况并不遵循该规则。例如,在一个数据库中,时间维可能包含 20 个不同的年,12 个不同的月,每星期 7 个不同的天。然而,这并不意味时间分层应当是"year < month < days_of_the_week",days_of_the_week 在分层结构的最顶层。只说明部分属性集:在定义分层时,有时用户可能不小心,或者对于分层结构中应当包含什么只有很模糊的想法。结果,用户可能在分层结构说明中只包含了相关属性的一小部分。例如,用户可能没有包含

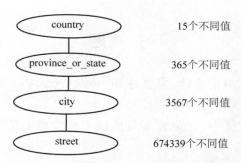

图 5.17   一个基于不同值个数的模式概念分层的自动产生

location 所有分层的相关属性,而只说明了 street 和 city。为了处理这种部分说明的分层结构,重要的是在数据库模式中嵌入数据语义,使得语义密切相关的属性能够捆绑在一起。用这种办法,一个属性的说明可能触发整个语义密切相关的属性被"拖进",形成一个完整的分层结构。然而,必要时,用户应当可以忽略这一特性。

例 5.7   关于 location 概念,假定数据库系统已将五个属性 number,street,city,province_or_state 和 country 捆绑在一起。如果用户在定义 location 的分层结构时只说明了属性 city,系统可以自动地拖进以上五个语义相关的属性,形成一个分层结构。用户可以去掉分层结构中的任何属性,如 number 和 street,让 city 作为该分层结构的最低概念层。

5.6   本章小结

(1) 数据预处理对于建立数据仓库和数据挖掘都是一个重要的问题,因为现实世界中的数据多半是不完整的、有噪声的和不一致的。数据预处理包括数据清理、数据集成、数据变换和数据归约。

(2) 数据清理例程可以用于填充遗漏的值,平滑数据,找出孤立点并纠正数据的不一致性。

(3) 数据集成将来自不同数据源的数据整合成一致的数据存储。元数据、相关分析、数据冲突检测和语义异种性的解决都有助于数据集成。

(4) 数据变换例程将数据变换成适于挖掘的形式。例如,属性数据可以规范化,使得它们可以落入小区间,如 0.0 ~ 1.0。

(5) 数据归约技术,如数据立方体聚集、维归约、数据压缩、数值归约和离散化都可以用来得到数据的归约表示,而使得信息内容的损失最小。

(6) 数值数据的概念分层自动产生可能涉及诸如分箱、直方图分析、聚类分析、基于熵的离散化和根据自然划分分段。对于分类数据,概念分层可以根据定义分层的属性的不同值个数自动产生。

(7) 尽管已经提出了一些数据预处理的方法,数据预处理仍然是一个实际研究领域。

习　题

1. 数据的质量可以用精确性、完整性和一致性来评估。提出两种数据质量的其他尺度。

2. 在现实世界的数据中，元组在某些属性上缺少值是常有的。描述处理该问题的各种方法。

3. 假定用于分析的数据包含属性 age。数据元组中 age 的值如下（递增）：13，15，16，16，19，20，20，21，22，22，25，25，25，25，30，33，33，33，35，35，35，35，36，40，45，46，52，70。

（a）使用按箱平均值平滑对以上数据进行平滑，箱的深度为3。解释你的步骤。评论对于给定的数据，该技术的效果。

（b）你怎样确定数据中的孤立点？

（c）对于数据平滑，还有哪些其他方法？

4. 使用上题给出的 age 数据，回答以下问题：

（a）使用最小-最大规范化，将 age 值 35 转换到[0.0, 1.0] 区间。

（b）使用 z-score 规范化转换 age 值 35，其中，age 的标准偏差为12.94 年。

（c）使用小数定标规范化转换 age 值 35。

（d）指出对于给定的数据，你愿意使用哪种方法并陈述你的理由。

5. 使用第 3 题给出的 age 数据，画一个宽度为 10 的等宽的直方图。

第6章

数据挖掘的功能及方法

在第 2 章中,我们介绍了数据挖掘相关的基本概念,并将数据挖掘功能进行了分类,主要功能包括:概念描述、分类和预测分析、聚类分析、关联规则分析、孤立点分析以及演变分析等。本章我们重点对关联规则分析、分类分析、聚类分析这三类功能中常用的基本算法进行介绍。

6.1　关联规则挖掘功能及算法

6.1.1　关联规则挖掘

关联规则挖掘发现大量数据中项集之间有趣的关联或相关联系。随着大量数据被不停地收集和存储,许多业界人士对于从它们的数据库中挖掘关联规则越来越感兴趣。从大量商务事务记录中发现有趣的关联关系,可以帮助许多商务决策的制定,如分类设计、交叉购物和折扣分析。

关联规则挖掘的一个典型例子是购物篮分析。该过程通过发现顾客放入其购物篮中不同商品之间的联系,分析顾客的购买习惯。通过了解哪些商品频繁地被顾客同时购买,这种关联的发现可以帮助零售商制定营销策略。

假定作为 AllElectronics 的分店经理,你想更加了解你的顾客的购物习惯。例如,你想知道“什么商品组或集合顾客多半会在一次购物时同时购买?”,为回答你的问题,你可以在你的商店顾客事务零售数据上运行购物篮分析。分析结果可以用于市场规划、广告策划、分类设计。例如,购物篮分析可以帮助经理设计不同的商店布局。一种策略是:经常一块购买的商品可以放近一些,以便进一步刺激这些商品一起销售。例如,如果顾客购买计算机也倾向于同时购买财务软件,将硬件摆放离软件陈列近一点,可能有助于增加两者的销售。另一种策略是:将硬件和软件放在商店的两端,可能诱发买这些商品的顾客一路挑选其他商品。例如,在决定购买一台很贵的计算机之后,去看软件陈列,购买财务软件,路上可能看到安全系统,可能会决定也买家庭安全系统。购物篮分析也可以帮助零售商规划什么商品降价出售。如果顾客趋向于同时购买计算机和打印机,打印机降价出售可能既促使购买打印机,又促使购买计算机。

如果我们想象全域是商店中可利用的商品的集合,则每种商品有一个布尔变量,表示该商品的有无。每个篮子则可用一个布尔向量表示。可以分析布尔向量,得到反映商品频繁关联或同时购买的购买模式。这些模式可以用关联规则的形式

表示。例如,购买计算机也趋向于同时购买财务管理软件,可以用以下关联规则表示:

$$\text{computer} \Rightarrow \text{financial management software}$$
$$[\text{support} = 2\%, \text{confidence} = 60\%] \tag{6.1}$$

规则的支持度和置信度是两个规则兴趣度度量,已在前面第 2 章中介绍。它们分别反映发现规则的有用性和确定性。关联规则(6.1)的支持度 2% 意味分析事务的 2% 同时购买计算机和财务管理软件。置信度 60% 意味购买计算机的顾客 60% 也购买财务管理软件。关联规则是有趣的,如果它满足最小支持度阈值和最小置信度阈值。这些阈值可以由用户或领域专家设定。

设 $I = \{i_1, i_2, \cdots, i_m\}$ 是项的集合。设任务相关的数据 D 是数据库事务的集合,其中每个事务 T 是项的集合,使得 $T \subseteq I$。每一个事务有一个标识符,称作 TID。设 A 是一个项集,事务 T 包含 A 当且仅当 $A \subseteq T$。关联规则是形如 $A \Rightarrow B$ 的蕴涵式,其中 $A \subset I, B \subset I$,并且 $A \cap B = \varnothing$。规则 $A \Rightarrow B$ 在事务集 D 中成立,具有支持度 s,其中 s 是 D 中事务包含 $A \cup B$(即 A 和 B 两者)的百分比。它是概率 $P(A \cup B)$。规则 $A \Rightarrow B$ 在事务集 D 中具有置信度 c,如果 D 中包含 A 的事务同时也包含 B 的百分比是 c。这是条件概率 $P(B \mid A)$。即

$$\text{support}(A \Rightarrow B) = P(A \cup B) \tag{6.2}$$
$$\text{confidence}(A \Rightarrow B) = P(B \mid A) \tag{6.3}$$

同时满足最小支持度阈值(min_sup)和最小置信度阈值(min_conf)的规则称作强规则。为方便计,我们用 0% 和 100% 之间的值,而不是用 0 到 1 之间的值表示支持度和置信度。

项的集合称为项集。包含 k 个项的项集称为 k-项集。集合{computer, financial_management_software} 是一个 2-项集。项集的出现频率是包含项集的事务数,简称为项集的频率、支持计数或计数。项集满足最小支持度 min_sup,如果项集的出现频率大于或等于 min_sup 与 D 中事务总数的乘积。如果项集满足最小支持度,则称它为频繁项集。频繁 k-项集的集合通常记作 L_k。

"如何由大型数据库挖掘关联规则?"关联规则的挖掘是一个两步的过程:

(1) 找出所有频繁项集:根据定义,这些项集出现的频繁性至少和预定义的最小支持计数一样。

(2) 由频繁项集产生强关联规则:根据定义,这些规则必须满足最小支持度和最小置信度。如果愿意,也可以使用附加的兴趣度度量。

这两步中,第二步最容易。挖掘关联规则的总体性能由第一步决定。

6.1.2 关联规则挖掘典型算法 ——Apriori 算法

在本小节中,你将学习挖掘最简单形式的关联规则的方法。这种关联规则是单维、单层、布尔关联规则,如第 6.1.1 小节所讨论的购物篮分析中的那些。我们以提供

Apriori 算法开始。

　　Apriori 算法是一种最有影响的挖掘布尔关联规则频繁项集的算法。算法的名字基于这样的事实：算法使用频繁项集性质的先验知识，正如我们将看到的。Apriori 使用一种称作逐层搜索的迭代方法，k-项集用于探索$(k+1)$-项集。首先，找出频繁 1-项集的集合，该集合记作 L_1。L_1 用于找频繁 2-项集的集合 L_2，而 L_2 用于找 L_3，如此下去，直到不能找到频繁 k-项集。找每个 L_k 需要扫描一次数据库。

　　为提高频繁项集逐层产生的效率，一种称作 Apriori 性质的重要性质用于压缩搜索空间。我们先介绍该性质，然后用一个例子解释它的使用。

　　Apriori 性质：频繁项集的所有非空子集都必须也是频繁的。Apriori 性质基于如下观察：根据定义，如果项集 I 不满足最小支持度阈值 s，则 I 不是频繁的，即 $P(I) < s$。如果项 A 添加到 I，则结果项集（即 $I \cup A$）不可能比 I 更频繁出现。因此，$I \cup A$ 也不是频繁的，即 $P(I \cup A) < s$。

　　该性质属于一种特殊的分类，称作反单调，意指如果一个集合不能通过测试，则它的所有超集也都不能通过相同的测试。之所以称它为反单调的，是因为在通不过测试的意义下，该性质是单调的。

　　"如何将 Apriori 性质用于算法？"为理解这一点，我们必须看看如何用 L_{k-1} 找 L_k。下面的两步过程由连接和剪枝组成。

　　(1) 连接步：为找 L_k，通过 L_{k-1} 与自己连接产生候选 k-项集的集合。该候选项集的集合记作 C_k。设 l_1 和 l_2 是 L_{k-1} 中的项集。记号 $l_{i[j]}$ 表示 l_i 的第 j 项（例如，$l_{1[k-2]}$ 表示 l_1 的倒数第 3 项）。为方便计，假定事务或项集中的项按字典次序排序。执行连接 $L_{k-1} \bowtie L_{k-1}$；其中，L_{k-1} 的元素是可连接的，如果它们前 $(k-2)$ 个项相同；即 L_{k-1} 的元素 l_1 和 l_2 是可连接的，如果 $(l_{1[1]} = l_{2[1]}) \wedge (l_{1[2]} = l_{2[2]}) \wedge \cdots \wedge (l_{1[k-2]} = l_{2[k-2]}) \wedge (l_{1[k-1]} < l_{2[k-1]})$。条件 $l_{1[k-1]} < l_{2[k-1]}$ 是为了保证不产生重复。连接 l_1 和 l_2 产生的结果项集是 $l_{1[1]}, l_{1[2]}, \cdots, l_{1[k-1]}, l_{2[k-1]}$。

　　(2) 剪枝步：C_k 是 L_k 的超集；即它的成员可以是，也可以不是频繁的，但所有的频繁 k-项集都包含在 C_k 中。扫描数据库，确定 C_k 中每个候选的计数，从而确定 L_k（根据定义，计数值不小于最小支持度计数的所有候选是频繁的，从而属于 L_k）。然而，C_k 可能很大，这样所涉及的计算量就很大。为压缩 C_k，可以用以下办法使用 Apriori 性质：任何非频繁的 $(k-1)$-项集都不可能是频繁 k-项集的子集。因此，如果一个候选 k-项集的 $(k-1)$-子集不在 L_{k-1} 中，则该候选也不可能是频繁的，从而可以由 C_k 中删除。这种子集测试可以使用所有频繁项集的散列树快速完成。

　　例 6.1　让我们看一个 Apriori 的具体例子。该例基于图 6.1 的 AllElectronics 的事务数据库。数据库中有 9 个事务，即 $|D| = 9$。Apriori 假定事务中的项按字典次序存放。我们使用图 6.2 解释 Apriori 算法发现 D 中的频繁项集过程。

AllElectronics 数据库

TID	List ofitem_ID's
T100	$I1, I2, I5$
T200	$I2, I4$
T300	$I2, I3$
T400	$I1, I2, I4$
T500	$I1, I3$
T600	$I2, I3$
T700	$I1, I3$
T800	$I1, I2, I3, I5$
T900	$I1, I2, I3$

图 6.1 AllElectronics 某分店的事务数据

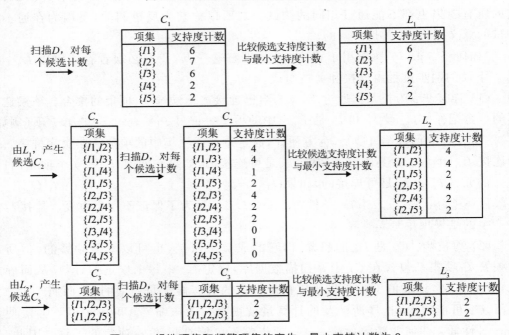

图 6.2 候选项集和频繁项集的产生,最小支持计数为 2

（1）在算法的第一次迭代,每个项都是候选 1- 项集的集合 C_1 的成员。算法简单地扫描所有的事务,对每个项的出现次数计数。

（2）假定最小事务支持计数为 2（即 min_sup $=2/9 \approx 22\%$）。可以确定频繁 1- 项集的集合 L_1,它由具有最小支持度的候选 1- 项集组成。

（3）为发现频繁 2- 项集的集合 L_2,算法使用 $L_1 \bowtie L_1$ 产生候选 2- 项集的集合 C_2。C_2 由 $C_{|L_1|}^2$ 个 2- 项集组成。

（4）下一步,扫描 D 中事务,计算 C_2 中每个候选项集的支持计数,如图 6.2 第二行的中间表所示。

（5）确定频繁 2- 项集的集合 L_2，它由具有最小支持度的 C_2 中的候选 2- 项集组成。

（6）候选 3- 项集的集合 C_3 的产生详细地列在图 6.3 中。首先，令 $C_3 = L_2 \bowtie L_2 = \{\{I1, I2, I3\}, \{I1, I2, I5\}, \{I1, I3, I5\}, \{I2, I3, I4\}, \{I2, I3, I5\}, \{I2, I4, I5\}\}$。根据 Apriori 性质，频繁项集的所有子集必须是频繁的，我们可以确定后 4 个候选不可能是频繁的。因此，我们把它们由 C_3 删除，这样，在此后扫描 D 确定 L_3 时就不必再求它们的计数值。注意，Apriori 算法使用逐层搜索技术，给定 k- 项集，我们只需要检查它们的 $(k-1)$-项子集是否频繁。

(a) 连接：$C_3 = L_2 \bowtie L_2 = \{\{I1, I2\}, \{I1, I3\}, \{I1, I5\}, \{I2, I3\}, \{I2, I4\}, \{I2, I5\}\} \bowtie \{\{I1, I2\}, \{I1, I3\}, \{I1, I5\}, \{I2, I3\}, \{I2, I4\}, \{I2, I5\}\} = \{\{I1, I2, I3\}, \{I1, I2, I5\}, \{I1, I3, I5\}, \{I2, I3, I4\}, \{I2, I3, I5\}, \{I2, I4, I5\}\}$。

(b) 使用 Apriori 性质剪枝：频繁项集的所有子集必须是频繁的。存在候选项集，其子集不是频繁的吗？

- $\{I1, I2, I3\}$ 的 2-项子集是 $\{I1, I2\}$，$\{I1, I3\}$ 和 $\{I2, I3\}$。$\{I1, I2, I3\}$ 的所有 2-项子集都是 L_2 的元素。因此，保留 $\{I1, I2, I3\}$ 在 C_3 中。
- $\{I1, I2, I5\}$ 的 2-项子集是 $\{I1, I2\}$，$\{I1, I5\}$ 和 $\{I2, I5\}$。$\{I1, I2, I5\}$ 的所有 2-项子集都是 L_2 的元素。因此，保留 $\{I1, I2, I5\}$ 在 C_3 中。
- $\{I1, I3, I5\}$ 的 2-项子集是 $\{I1, I3\}$，$\{I1, I5\}$ 和 $\{I3, I5\}$。$\{I3, I5\}$ 不是 L_2 的元素，因而不是频繁的。这样，由 C_3 删除 $\{I1, I3, I5\}$。
- $\{I2, I3, I4\}$ 的 2-项子集是 $\{I2, I3\}$，$\{I2, I4\}$ 和 $\{I3, I4\}$。$\{I3, I4\}$ 不是 L_2 的元素，因而不是频繁的。这样，由 C_3 删除 $\{I2, I3, I4\}$。
- $\{I2, I3, I5\}$ 的 2-项子集是 $\{I2, I3\}$，$\{I2, I5\}$ 和 $\{I3, I5\}$。$\{I3, I5\}$ 不是 L_2 的元素，因而不是频繁的。这样，由 C_3 删除 $\{I2, I3, I5\}$。
- $\{I2, I4, I5\}$ 的 2-项子集是 $\{I2, I4\}$，$\{I2, I5\}$ 和 $\{I4, I5\}$。$\{I4, I5\}$ 不是 L_2 的元素，因而不是频繁的。这样，由 C_3 中删除 $\{I2, I3, I5\}$。

(c) 这样，剪枝后 $C_3 = \{\{I1, I2, I3\}, \{I1, I2, I5\}\}$。

图 6.3　使用 Apriori 性质，由 L_2 产生候选 3- 项集 C_3

（7）扫描 D 中事务，以确定 L_3，它由具有最小支持度的 C_3 中的候选 3- 项集组成（见图 6.2）。

（8）算法使用 $L_3 \bowtie L_3$ 产生候选 4- 项集的集合 C_4。尽管连接产生结果 $\{I1, I2, I3, I5\}$，但这个项集被剪去，因为它的子集 $\{I1, I3, I5\}$ 不是频繁的。这样，$C_4 = \varnothing$，因此算法终止，找出了所有的频繁项集。

算法 6.1 给出了 Apriori 算法的伪代码，由主程序、产生候选项集的方法 apriori_gen 和使用先验知识的方法 has_infrequent_subset 构成。主程序的第 1 行代码找出频繁 1- 项集的集合 L_1，第 2～10 行代码，通过 L_{k-1} 产生候选项集的集合 C_k，以找出 L_k。其中，apriori_gen 方法产生候选项集，并使用 Apriori 性质删除那些具有非频繁子集的候选项集（主程序第 3 行代码）。一旦产生了所有的候选项集，就扫描数据库（主程序第 4 行代码）。对于每个事务，使用 subset 函数找出事务中是候选项集的所有子集(主程序第 5 行代码),并对每个这样的候选项集累加计数(主程序第 6、7 行代码)。最后,所有满足最小支持度的候选项集(主程序第 9 行代码)形成频繁项集的集合 L(主程序第 11 行代码)。然后,调用一个方法,由频繁项集产生关联规则。

算法 6.1 Apriori。使用逐层迭代找出频繁项集

输入:事务数据库 D;最小支持度阈值 min_sup。

输出:D 中的频繁项集 L。

方法:

1) $L_1 =$ find_frequent_1-itemsets(D);

2) for $(k=2; L_{k-1} \neq \varnothing; k++)$ {

3) $C_k =$ aproiri_gen$(L_{k-1}, $ min_sup$)$;

4)   for each transactiont D {   // 扫描事务集 D 进行计数

5) $C_t =$ subset(C_k, t);   // 得到候选项集

6)   for each candidate $c \in C_t$

7) c.count$++$;

8)   }

9) $L_k = \{ c \in C_k \mid c.$count $\geqslant$ min_sup$\}$

10) }

11) return $L = \bigcup_k L_k$;

procedure apriori_gen$(L_{k-1}:$ frequent$(k-1)$-itemsets; min_sup: support)

1) for each itemsets $l_1 \in L_{k-1}$

2)   for each itemsets $l_2 \in L_{k-1}$

3)   if $(l_{1[1]} = l_{2[1]}) \wedge (l_{1[2]} = l_{2[2]}) \wedge \cdots \wedge (l_{1[k-2]} = l_{2[k-2]}) \wedge (l_{1[k-1]} < l_{2[k-1]})$ then {

4) $c = l_1 \bowtie l_2$;   // 连接:产生候选项集

5)   if has_infrequent_subset(c, L_{k-1}) then

6)   delete c;   // 剪枝:删除非频繁候选项集

7)   else add c to C_k;

8)   }

9) return C_k;

procedure has_infrequent_subset$(c:$ candidate k-itemsets; $L_{k-1}:$ frequent$(k-1)$-itemsets)

// 使用先验知识

1) for each $(k-1)$-subsets of c

2)   if $c \notin L_{k-1}$ then

3)   return TRUE;

4) return FALSE;

如上所述，apriori_gen 做两个动作：连接和剪枝。在连接部分，L_{k-1} 与 L_{k-1} 连接产生可能的候选项集（apriori_gen 方法第 $1 \sim 4$ 行代码）。剪枝部分（apriori_gen 方法第 $5 \sim 7$ 行代码）使用 Apriori 性质删除具有非频繁子集的候选项集。非频繁子集的测试在 has_infrequent_subset 方法中完成。

由频繁项集产生关联规则

一旦由数据库 D 中的事务找出频繁项集，由它们产生强关联规则是直截了当的（强关联规则满足最小支持度和最小置信度）。对于置信度，可以用式（6.4），其中条件概率用项集支持度计数表示。

$$\text{confidence}(A \Rightarrow B) = P(A \mid B) = \frac{\text{support\_count}(A \bigcup B)}{\text{support\_count}(A)} \tag{6.4}$$

其中，support_count($A \bigcup B$)是包含项集 $A \bigcup B$ 的事务数，support_count(A)是包含项集 A 的事务数。根据式（6.4），可以产生如下关联规则：

- 对于每个频繁项集 l，产生 l 的所有非空子集。

- 对于 l 的每个非空子集 s，如果 $\dfrac{\text{support\_count}(l)}{\text{support\_count}(s)} \geqslant \text{min\_conf}$，则输出规则 "$s \Rightarrow (l-s)$"。其中，min_conf 是最小置信度阈值。由于规则由频繁项集产生，每个规则都自动满足最小支持度。频繁项集连同它们的支持度预先存放在 hash 表中，使得它们可以快速被访问。

例 6.2 让我们试一个例子，它基于图 6.1 中 AllElectronics 事务数据库。假定数据包含频繁项集 $l = \{I1, I2, I5\}$，可以由 l 产生哪些关联规则？l 的非空子集有 $\{I1, I2\}$，$\{I1, I5\}$，$\{I2, I5\}$，$\{I1\}$，$\{I2\}$ 和 $\{I5\}$。结果关联规则如下，每个都列出置信度。

$$I1 \wedge I2 \Rightarrow I5, \text{confidence} = 2/4 = 50\%$$
$$I1 \wedge I5 \Rightarrow I2, \text{confidence} = 2/2 = 100\%$$
$$I2 \wedge I5 \Rightarrow I1, \text{confidence} = 2/2 = 100\%$$
$$I1 \Rightarrow I2 \wedge I5, \text{confidence} = 2/6 = 33\%$$
$$I2 \Rightarrow I1 \wedge I5, \text{confidence} = 2/7 = 29\%$$
$$I5 \Rightarrow I1 \wedge I2, \text{confidence} = 2/2 = 100\%$$

如果最小置信度阈值为 70%，则只有第二、三个和最后一个规则可以输出，因为只有这些是强的。

6.1.3 由关联挖掘到相关分析

"挖掘了关联规则之后，数据挖掘系统如何指出哪些规则是用户感兴趣的？" 大部分关联规则挖掘算法使用支持度-置信度框架。尽管使用最小支持度和置信度阈值排除了对一些无兴趣的规则的探查，仍然会产生一些对用户来说不感兴趣的规则。本节，我们首先看看即便是强关联规则为何也可能是无兴趣的并可能是误导；然后,讨论基于统计独立性和相关分析的其他度量。

"在数据挖掘中,所有的强关联规则(即满足最小支持度和最小置信度阈值的规则)都有兴趣,值得向用户提供吗?"并不一定。规则是否有兴趣可能用主观或客观的标准来衡量。最终,只有用户能够确定规则是否是有趣的,并且这种判断是主观的,因不同用户而异。然而,根据数据"支持"的统计,客观兴趣度度量可以用于清除无兴趣的规则,而不向用户提供。

"我们如何识别哪些强关联规则是真正有兴趣的?"让我们考查下面的例子。

例 6.3 假定我们对分析 AllElectronics 的事务感兴趣,涉及计算机游戏和录像。设事件 game 表示包含计算机游戏的事务,而 video 表示包含录像的事务。在所分析的 10000 个事务中,数据显示 6000 个顾客事务包含计算机游戏,7500 个事务包含录像,而 4000 个事务包含计算机游戏和录像。假定发现关联规则的数据挖掘程序在该数据上运行,使用最小支持度 30%,最小置信度 60%。将发现下面的关联规则

$$\text{buys}(X, \text{"game"}) \Rightarrow \text{buys}(X, \text{"video"})$$

$$[\text{support} = 40\%, \text{confidence} = 66\%] \tag{6.5}$$

规则(6.5)是强关联规则,因而向用户报告,因为其支持度为 40%,置信度为 66%,分别满足最小支持度和最小置信度阈值。然而,规则(6.5)是误导,因为购买录像的可能性是 75%,比 66% 还大。事实上,计算机游戏和录像是负相关的,买一种实际上减少了买另一种的可能性。不完全理解这种现象,可能根据导出的规则做出不明智的决定。

上面的例子也表明规则 $A \Rightarrow B$ 的置信度有一定的欺骗性,它只是给定 A,B 的条件概率的估计,而不度量 A 和 B 之间蕴涵的实际强度。因此,寻求支持度 - 置信度框架的替代,对挖掘有趣的数据联系可能是有用的。相关分析是一种有效的替代框架,其依据的是相关性挖掘数据项之间有趣的联系。

如果 $P(A \cup B) = P(A)P(B)$,项集 A 的出现独立于项集 B 的出现;否则,项集 A 和 B 是依赖的和相关的。这个定义容易推广到多于两个项集的情况。A 和 B 的出现之间的相关性通过计算下式度量

$$\text{lift}(A, B) = \frac{P(A \cup B)}{P(A)P(B)} \tag{6.6}$$

如果式(6.6)的值小于 1,则 A 的出现和 B 的出现是负相关的;如果结果值大于 1,则 A 和 B 是正相关的,意味每一个的出现都蕴涵另一个的出现;如果结果值等于 1,则 A 和 B 是独立的,它们之间没有相关性。

让我们回头看例 6.3 计算机游戏和录像。

例 6.4 为了帮助过滤掉形如 $A \Rightarrow B$ 的误导的"强"关联,我们需要研究两个项集 A 和 B 怎样才是相关的。设 $\overline{\text{game}}$ 表示例 6.3 中不包含计算机游戏的事务,$\overline{\text{video}}$ 表示不包含录像的事务。事务可以汇总在相依表中。例 6.3 的数据的相依表如表 6.1 所示。由该表可以看出,购买计算机游戏的概率 $P(\{\text{game}\}) = 0.60$,购买录像的概率

$P(\{\text{video}\})=0.75$，而购买两者的概率 $P(\{\text{game，video}\})=0.40$。根据式(6.6)，$P(\{\text{game，video}\})/(P(\{\text{game}\})\times P(\{\text{video}\}))=0.40/(0.75\times0.60)\approx0.89$。由于该值明显比1小，{game}和{video}之间存在负相关。分子是顾客购买两者的可能性，而分母是如果两个购买是完全独立的可能性。这种负相关不能被支持度-置信度框架识别。

表 6.1　汇总关于购买计算机游戏和录像事务的 2×2 相依表

	game	game	Srow
video	4000	3500	7500
video	2000	500	2500
Scol	6000	4000	10000

这激发了识别相关性规则或相关规则的挖掘。相关规则形如 $\{i_1, i_2, \cdots, i_m\}$，其中，项 $\{i_1, i_2, \cdots, i_m\}$ 的出现是相关的。给定由式(6.6)确定的相关值，χ^2 统计可以确定相关是否是统计意义上的相关。χ^2 统计也可以确定负蕴涵。

相关性的一个优点是它是向上封闭的。这意味，如果项集 S 是相关的(即 S 中的项是相关的)，则 S 的超集也是相关的。换句话说，添加项到相关集合中，不影响已存在的相关性。χ^2 统计在每个有意义的层也是向上封闭的。

在搜索相关集，形成相关规则时，可以使用相关性和 χ^2 的向上封闭性。由空集开始，考察项集空间(或项集的格)，一次添加一个项，寻找最小相关项集 —— 相关的项集，其子集都不相关。这些项集形成格的边界。由于封闭性，边界以下的项集都不是相关的。由于最小相关项集的所有超集都是相关的，我们可以停止向上搜索。在项集空间进行这种一系列"行走"的算法称作随机行走算法。这种算法可以与支持度测试结合，以进行进一步的剪枝。随机行走算法容易使用数据立方体实现。将这里介绍的过程用于超大规模数据库是一个尚待解决的问题。另一个限制是，当相依表数据稀疏时，χ^2 统计不够精确，并且对于大于 2×2 相依表可能误导。

6.2　分类分析功能及算法

6.2.1　分类分析

数据库内容丰富，蕴藏大量信息，可以用来做出智能的商务决策。分类和预测是两种数据分析形式，可以用于提取描述重要数据类的模型或预测未来的数据趋势。然而，分类是预测分类标号(或离散值)，而预测是建立连续值函数模型。例如，可以建立一个分类模型，对银行贷款的安全或风险进行分类；而可以建立预测模型，给定潜在顾客的收入和职业，预测他们在计算机设备上的花费。本节重点介绍分类分析功能及典型算法。

数据分类是一个两步过程(见图6.4)。第一步,建立一个模型,描述预定的数据类或概念集。通过分析由属性描述的数据库元组来构造模型。假定每个元组属于一个预定义的类,由一个称作类标号属性的属性确定。对于分类,数据元组也称作样本、实例或对象。为建立模型而被分析的数据元组形成训练数据集。训练数据集中的单个元组称作训练样本,并随机地由样本群选取。由于提供了每个训练样本的类标号,该步也称作有指导的学习(模型的学习在被告知每个训练样本属于哪个类的"指导"下进行)。它不同于无指导的学习(或聚类),那里每个训练样本的类标号是未知的,要学习的类集合或数量也可能事先不知道。聚类是下一节的主题。

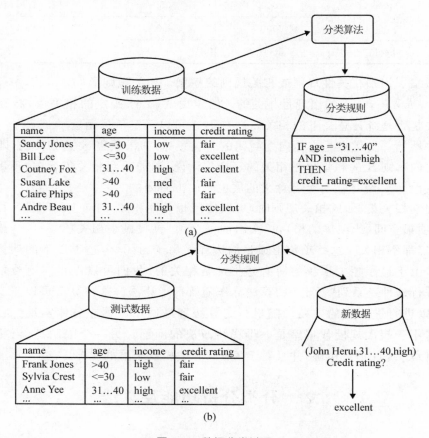

图 6.4　数据分类过程

注:(a)学习:用分类算法分析训练数据。这里,类标号属性是 credit_rating,学习模型或分类法以分类规则形式提供。(b)分类:测试数据用于评估分类规则的准确率。如果准确率是可以接受的,则规则用于新的数据元组分类。

通常,学习模型用分类规则、判定树或数学公式的形式提供。例如,给定一个顾客信用信息的数据库,可以学习分类规则,根据他们的信誉度优或相当好来识别顾客,如图 6.4(a)所示。该规则可以用来为以后的数据样本分类,也能对数据库的内容提供更好的理解。

第二步[见图 6.4(b)]，使用模型进行分类。首先评估模型（分类法）的预测准确率。保持（holdout）方法是一种使用类标号样本测试集的简单方法。这些样本随机选取，并独立于训练样本。模型在给定测试集上的准确率是正确被模型分类的测试样本的百分比。对于每个测试样本，将已知的类标号与该样本的学习模型类预测比较。注意，如果模型的准确率根据训练数据集评估，评估可能是乐观的，因为学习模型倾向于过分适合数据（它可能并入训练数据中某些异常，这些异常不出现在总体样本群中）。因此，使用测试集。

如果认为模型的准确率可以接受，就可以用它对类标号未知的数据元组或对象进行分类。（这种数据在机器学习也称为"未知的"或"先前未见到的"数据）。例如，在图 6.4(a) 通过分析现有顾客数据学习得到的分类规则可以用来预测新的或未来顾客的信誉度。

例 6.5 假定我们有一个 AllElectronics 的邮寄清单数据库。邮寄清单用于分发介绍新产品和降价信息材料。数据库描述顾客的属性，如他们的姓名、年龄、收入、职业和信誉度。顾客可以按他们是否在 AllElectronics 购买计算机分类。假定新的顾客添加到数据库中，你想将新计算机的销售信息通知顾客。将促销材料分发给数据库中的每个新顾客的费用可能很高。一个更有效的方法是只给那些可能买新计算机的顾客寄材料。为此，可以构造和使用分类模型。

6.2.2 分类分析典型方法 —— 用判定树归纳分类

"什么是判定树？"判定树是一个类似于流程图的树结构；其中，每个内部节点表示在一个属性上的测试，每个分支代表一个测试输出，而每个树叶节点代表类或类分布。树的最顶层节点是根节点。一棵典型的判定树如图 6.5 所示。它表示概念 buys_computer，它预测 AllElectronics 的顾客是否可能购买计算机。内部节点用矩形表示，而树叶用椭圆表示。

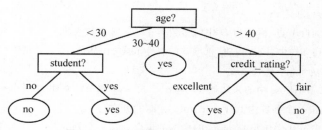

图 6.5 概念 buys_computer 的判定树

注：它能指出 AllElectronics 的顾客是否可能购买计算机。 每个内部（非树叶）节点表示一个属性上的测试，每个树叶节点代表一个类（buys_computer = yes，或 buys_computer = no）。

为了对未知的样本分类，样本的属性值在判定树上测试。路径由根到存放该样本预测的叶节点。判定树容易转换成分类规则。

首先介绍学习判定树的基本算法。在判定树构造时，许多分支可能反映的是训练数据中的噪声或孤立点。树剪枝试图检测和剪去这种分支，以提高在未知数据上分类的准确性。

1. 判定树归纳

判定树归纳的基本算法是贪心算法，它以自顶向下递归的划分-控制方式构造判定树。算法在图 6.6 中，是一种著名的判定树算法 ID3 版本。算法的基本策略如下：

(1) 树以代表训练样本的单个节点开始(第 1 行代码)。

(2) 如果样本都在同一个类，则该节点成为树叶，并用该类标号(第 2,3 行代码)。

(3) 否则，算法使用称为信息增益的基于熵的度量作为启发信息，选择能够最好地将样本分类的属性(第 6 行代码)。该属性成为该节点的"测试"或"判定"属性(第 7 行代码)。在算法的该版本中，所有的属性都是分类的，即离散值。连续属性必须离散化。

(4) 对测试属性的每个已知的值，创建一个分支，并据此划分样本(第 8~10 行代码)。

(5) 算法使用同样的过程，递归地形成每个划分上的样本判定树。一旦一个属性出现在一个节点上，就不必在该节点的任何后代上考虑它(第 13 行代码)。

算法 6.2　Generate_decision_tree。由给定的训练数据产生一棵判定树。

输入：训练样本集 D，由离散值属性表示；候选属性的集合 attribute_list。

输出：一棵判定树。

方法：

(1) 创建节点 N；

(2) if D 中的元组都是同一类 C then

(3) return N 作为叶节点，以类 C 标记；

(4) if attribut_list 为空 then

(5) return N 作为叶节点，标记为 D 中的多数类；　　　　// 多数表决

(6) 选择 attribute_list 中具有最高信息增益的属性 test_attribute；

(7) 标记节点 N 为 test_attribute；

(8) for each test_attribute 中的未知值 a_i　　　　　　// 划分样本集

(9) 由节点 N 长出一个条件为 test_attribute $= a_i$ 的分支；

(10) 设 D_i 是 D 中 test_attribute $= a_i$ 的样本的集合；// 一个划分

(11) if D_i 为空 then

(12) 加一个树叶，标记为 D 中的多数类；

(13) else 加一个由 Generate_decision_tree(D_i, attribute_list-test_attribute) 返回的节点；

(14) end for

(15) 返回 N；

图 6.6　由训练样本归纳判定树的基本算法

（6）递归划分步骤仅当下列条件之一成立停止：

① 给定节点的所有样本属于同一类（第 2，3 行代码）。

② 没有剩余属性可以用来进一步划分样本（第 4 行代码）。在此情况下，使用多数表决（第 5 行代码）。这涉及将给定的节点转换成树叶，并用样本中的多数所在的类标记它。替换地，可以存放节点样本的类分布。

③ 分支 test_attribute＝a_i 没有样本（第 11 行代码）。在这种情况下，以样本集合中的多数类创建一个树叶（第 12 行代码）。

属性选择度量在树的每个节点上使用信息增益度量选择测试属性。这种度量称作属性选择度量或分裂的优劣度量。选择具有最高信息增益（或最大熵压缩）的属性作为当前节点的测试属性。该属性使得对结果划分中的样本分类所需的信息量最小，并反映划分的最小随机性或"不纯性"。这种信息理论方法使得对一个对象分类所需的期望测试数目最小，并确保找到一棵简单的（但不必是最简单的）树。

设 S 是 s 个数据样本的集合。假定类标号属性具有 m 个不同值，定义 m 个不同类 $C_i(i=1,\cdots,m)$。设 s_i 是类 C_i 中的样本数。对一个给定的样本分类所需的期望信息由式（6.7）给出：

$$I(s_1,s_2,\cdots,s_m)=-\sum_{i=1}^{m}p_i\log_2(p_i) \tag{6.7}$$

其中，p_i 是任意样本属于 C_i 的概率，并用 s_i/s 估计。注意，对数函数以 2 为底，因为信息用二进位编码。

设属性 A 具有 v 个不同值 $\{a_1,\cdots,a_v\}$。可以用属性 A 将 S 划分为 v 个子集 $\{S_1,\cdots,S_v\}$；其中，S_j 包含 S 中这样一些样本，它们在 A 上具有值 a_j。如果 A 选作测试属性（最好的划分属性），则这些子集对应于由包含集合 S 的节点生长出来的分支。设 s_{ij} 是子集 S_j 中类 C_i 的样本数。根据 A 划分子集的熵或期望信息由式（6.8）给出：

$$E(A)=\sum_{j=1}^{v}\frac{s_{1j}+s_{2j}+\cdots+s_{mj}}{s}I(s_{1j},s_{2j},\cdots,s_{mj}) \tag{6.8}$$

项 $\dfrac{s_{1j}+s_{2j}+\cdots+s_{mj}}{s}$ 充当第 j 个子集的权，并且等于子集（即 A 值为 a_j）中的样本个数除以 S 中的样本总数。熵值越小，子集划分的纯度越高。注意，对于给定的子集 S_j，有

$$I(s_{1j},s_{2j},\cdots,s_{mj})=-\sum_{i=1}^{m}p_{ij}\log_2(p_{ij}) \tag{6.9}$$

其中，$p_{ij}=\dfrac{s_{ij}}{|s_i|}$ 是 S_j 中的样本属于 C_i 的概率。

在 A 上分支将获得的编码信息是

$$\text{Gain}(A)=I(s_1,s_2,\cdots,s_m)-E(A) \tag{6.10}$$

换言之，$\text{Gain}(A)$ 是由于知道属性 A 的值而导致的熵的期望压缩。算法计算每个属性的信息增益。具有最高信息增益的属性选作给定集合 S 的测试属性。创建一

个节点,并以该属性标记,对属性的每个值创建分支,并据此划分样本。

2. 树剪枝

当判定树创建时,由于数据中的噪声和孤立点,许多分支反映的是训练数据中的异常。剪枝方法处理这种过分适应数据问题。通常,这种方法使用统计度量,剪去最不可靠的分支,这将导致较快的分类,提高树独立于测试数据正确分类的可靠性。

"树剪枝如何做?"有两种常用的剪枝方法。在先剪枝方法中,通过提前停止树的构造(例如,通过决定在给定的节点上不再分裂或划分训练样本的子集)而对树"剪枝"。一旦停止,节点成为树叶。该树叶可能持有子集样本中最频繁的类,或这些样本的概率分布。

在构造树时,统计意义下的度量,如 χ^2、信息增益等,可以用于评估分裂的优劣。如果在一个节点划分样本将导致低于预定义阈值的分裂,则给定子集的进一步划分将停止。然而,选取一个适当的阈值是困难的。较高的阈值可能导致过分简化的树,而较低的阈值可能使得树的简化太少。

第二种方法是后剪枝方法,它由"完全生长"的树剪去分支。通过删除节点的分支,剪掉树节点。代价复杂性剪枝算法是后剪枝方法的一个实例。最下面的未被剪枝的节点成为树叶,并用它先前分支中最频繁的类标记。对于树中每个非树叶节点,算法计算该节点上的子树被剪枝可能出现的期望错误率。然后,使用每个分支的错误率,结合沿每个分支观察的权重评估,计算不对该节点剪枝的期望错误率。如果剪去该节点导致较高的期望错误率,则保留该子树;否则剪去该子树。逐渐产生一组被剪枝的树之后,使用一个独立的测试集评估每棵树的准确率,就能得到具有最小期望错误率的判定树。

我们可以根据编码所需的二进位位数,而不是根据期望错误率,对树进行剪枝。"最佳剪枝树"使得编码所需的二进位最少。这种方法采用最小描述长度(MDL)原则。由该原则,最简单的解是最期望的。不像代价复杂性剪枝,它不需要独立的样本集。

也可以交叉使用先剪枝和后剪枝,形成组合式方法。后剪枝所需的计算比先剪枝多,但通常产生的树更可靠。

3. 由判定树提取分类规则

"我可以由我的判定树得到分类规则吗? 如果能,怎么做?"可以提取判定树表示的知识,并以 IF-THEN 形式的分类规则表示。对从根到树叶的每条路径创建一个规则。沿给定路径上的每个属性-值对形成规则前件("IF"部分)的一个合取项。叶节点包含类预测,形成规则后件("THEN"部分)。IF-THEN 规则易于理解,特别是当给定的树很大时。

C4.5(ID3 算法的后继版本)使用训练样本估计每个规则的准确率。由于这将导致对规则的准确率的乐观估计,C4.5 使用一种悲观估计来补偿偏差。替换地,也可以使用一组独立于训练样本的测试样本来评估准确性。

通过删除规则前件中无助于改进规则评估准确性的条件,可以对规则"剪枝"。

对于每一类,类中规则可以按它们的精确度定序。由于一个给定的样本可能不满足任何规则前件,通常是将一个指定主要类的缺省规则添加到规则集中。

6.3 聚类分析功能及算法

6.3.1 聚类分析

设想要求对一个数据对象的集合进行分析,但与分类不同的是,它要划分的类是未知的。聚类(clustering)就是将数据对象分组成为多个类或簇(cluster),在同一个簇中的对象之间具有较高的相似度,而不同簇中的对象差别较大。相异度是基于描述对象的属性值来计算的。距离是经常采用的度量方式。聚类分析源于许多研究领域,包括数据挖掘、统计学、生物学,以及机器学习。

将物理或抽象对象的集合分组成为由类似的对象组成的多个类的过程被称为聚类。由聚类所生成的簇是一组数据对象的集合,这些对象与同一个簇中的对象彼此相似,与其他簇中的对象相异。在许多应用中,一个簇中的数据对象可以被作为一个整体来对待。

聚类分析是一种重要的人类行为。早在孩提时期,一个人就通过不断地改进下意识中的聚类模式来学会如何区分猫和狗,或者动物和植物。聚类分析已经广泛地用在许多应用中,包括模式识别、数据分析、图像处理,以及市场研究。通过聚类,一个人能识别密集的和稀疏的区域,因而发现全局的分布模式,以及数据属性之间的有趣的相互关系。

"聚类的典型应用是什么?"在商业上,聚类能帮助市场分析人员从客户基本库中发现不同的客户群,并且用购买模式来刻画不同的客户群的特征。在生物学上,聚类能用于推导植物和动物的分类,对基因进行分类,获得对种群中固有结构的认识。聚类在地球观测数据库中相似地区的确定,汽车保险持有者的分组,以及根据房子的类型、价值和地理位置对一个城市中房屋的分组上也可以发挥作用。聚类也能用于对 Web 上的文档进行分类,以发现信息。作为一个数据挖掘的功能,聚类分析能做为一个独立的工具来获得数据分布的情况,观察每个簇的特点,集中对特定的某些簇作进一步的分析。此外,聚类分析可以作为其他算法(如分类等)的预处理步骤,这些算法再在生成的簇上进行处理。

数据聚类正在蓬勃发展,有贡献的研究领域包括数据挖掘、统计学、机器学习、空间数据库技术、生物学,以及市场营销。由于数据库中收集了大量的数据,聚类分析已经成为数据挖掘研究领域中一个非常活跃的研究课题。

作为统计学的一个分支,聚类分析已经被广泛地研究了许多年,主要集中在基于距离的聚类分析。基于 k-means(k-平均值)、k-medoids(k-中心)和其他一些方法的聚类分析工具已经被加入到许多统计分析软件包或系统中,例如 S-Plus,SPSS,以及

SAS。在机器学习领域,聚类是无指导学习(unsupervised learning)的一个例子。与分类不同,聚类和无指导学习不依赖预先定义的类和训练样本。由于这个原因,聚类是通过观察学习,而不是通过例子学习。在概念聚类(conceptual clustering)中,一组对象只有当它们可以被一个概念描述时才形成一个簇。这不同于基于几何距离来度量相似度的传统聚类。概念聚类由两个部分组成:① 发现合适的簇;② 形成对每个簇的描述。在这里,追求较高类内相似度和较低类间相似度的指导原则仍然适用。

在数据挖掘领域,研究工作已经集中在为大数据量数据库的有效且高效的聚类分析寻找适当的方法。活跃的研究主题集中在聚类方法的可伸缩性、方法对聚类复杂形状和类型的数据的有效性、高维聚类分析技术,以及针对大的数据库中混合数值和分类数据的聚类方法。

聚类是一个富有挑战性的研究领域,它对潜在应用提出了各自特殊的要求。数据挖掘对聚类的典型要求如下。

(1)可伸缩性:许多聚类算法在小于 200 个数据对象的小数据集合上工作得很好;但是,一个大规模数据库可能包含几百万个对象,在这样的大数据集合样本上进行聚类可能会导致有偏差的结果。因此,我们需要具有高度可伸缩性的聚类算法。

(2)处理不同类型属性的能力:许多算法被设计用来聚类数值类型的数据。但是,应用可能要求聚类其他类型的数据,如二元类型(binary)、分类 / 标称类型(categorical/nominal)、序数型(ordinal)数据,或者这些数据类型的混合。

(3)发现任意形状的聚类:许多聚类算法基于欧几里得或者曼哈顿距离度量来决定聚类。基于这样的距离度量的算法趋向于发现具有相近尺度和密度的球状簇。但是,一个簇可能是任意形状的。因此,提出能发现任意形状簇的算法是很重要的。

(4)用于决定输入参数的领域知识最小化:许多聚类算法在聚类分析中要求用户输入一定的参数,例如希望产生的簇的数目。聚类结果对于输入参数十分敏感。参数通常很难确定,特别是对于包含高维对象的数据集来说。这样不仅加重了用户的负担,也使得聚类的质量难以控制。

(5)处理"噪声"数据的能力:绝大多数现实中的数据库都包含了孤立点,缺失,或者错误的数据。一些聚类算法对于这样的数据敏感,可能导致低质量的聚类结果。

(6)对于输入记录的顺序不敏感:一些聚类算法对于输入数据的顺序是敏感的。例如,同一个数据集合,当以不同的顺序交给同一个算法时,可能生成差别很大的聚类结果。因此,开发对数据输入顺序不敏感的算法具有重要的意义。

(7)高维度(high dimensionality):一个数据库或者数据仓库可能包含若干维或者属性。许多聚类算法擅长处理低维的数据,可能只涉及二维到三维。人类的眼睛在最多三维的情况下能够很好地判断聚类的质量。在高维空间中聚类数据对象是非常有挑战性的,特别是考虑到这样的数据可能分布非常稀疏,而且高度偏斜。

(8)基于约束的聚类:现实世界的应用可能需要在各种约束条件下进行聚类。假设你的工作是在一个城市中为给定数目的自动提款机选择安放位置,为了做出决定,你可以对住宅区进行聚类,同时考虑如城市的河流和公路网,每个地区的客户要求等情况。因此,要找到既满足特定的约束,又具有良好聚类特性的数据分组是一项具有挑战性的任务。

(9) 可解释性和可用性:用户希望聚类结果是可解释的、可理解的和可用的。也就是说,聚类可能需要和特定的语义解释与应用相联系。应用目标如何影响聚类方法的选择也是一个重要的研究课题。

6.3.2　聚类分析典型方法 —— 划分方法

目前在文献中存在大量的聚类算法,包括划分方法、层次方法、基于密度的方法、基于网格的方法以及基于模型的方法。算法的选择取决于数据的类型、聚类的目的和应用。如果聚类分析被用作描述或探查的工具,可以对同样的数据尝试多种算法,以发现数据可能揭示的结果。本节我们将重点介绍基于划分方法的聚类算法。

划分方法(partitioning methods)是指给定一个 n 个对象或元组的数据库,一个划分方法构建数据的 k 个划分,每个划分表示一个聚类,并且 $k \leqslant n$。也就是说,它将数据划分为 k 个组,同时满足如下的要求:① 每个组至少包含一个对象;② 每个对象必须属于且只属于一个组。注意,在某些模糊划分技术中第二个要求可以放宽。

给定 k,即要构建的划分的数目,划分方法首先创建一个初始划分。然后采用一种迭代的重定位技术,尝试通过对象在划分间移动来改进划分。一个好的划分的一般准则是:在同一个类中的对象之间的距离尽可能小,而不同类中的对象之间的距离尽可能大。还有许多其他划分质量的评判准则。为了达到全局最优,基于划分的聚类会要求穷举所有可能的划分。实际上,绝大多数应用采用了以下两个比较流行的启发式方法:① k-means 算法。在该算法中,每个簇用该簇中对象的平均值来表示。② k-medoids 算法。在该算法中,每个簇用接近聚类中心的一个对象来表示。我们重点介绍其中的 k-means 算法。

下面首先给出 k-means 算法的一般描述。给定一个包含 n 个数据对象的数据库,以及要生成的簇的数目 k,k-means 算法将数据对象组织为 k 个划分($k \leqslant n$),其中每个划分代表一个簇。通常会采用一个划分准则(经常称为相似度函数,similarity function),例如距离,以便在同一个簇中的对象是"相似的",而在不同簇中的对象是"相异的"。

算法 6.3　k-means 算法

输入:簇的数目 k 和包含 n 个对象的数据库 D。

输出:k 个簇。

方法:

(1) 从 D 中任意选择 k 个对象作为初始的簇中心;

(2) repeat

(3)　　　根据与每个中心的距离,将每个对象赋给"最近"的簇;

(4)　　　重新计算每个簇的平均值,作为新的簇中心;

（5）until 不再发生变化。

k-means 算法以 k 为参数,把 n 个对象分为 k 个簇,以使类内具有较高的相似度,而类间的相似度最低。相似度的计算根据一个簇中对象的平均值(被看作簇的中心)来进行。

"k-means 算法是怎样工作的？"k-means 算法的处理流程如下：首先,随机地选择 k 个对象,每个对象初始地代表了一个簇中心。对剩余的每个对象,根据其与各个簇中心的距离,将它赋给最近的簇。然后重新计算每个簇的平均值。这个过程不断重复,直到准则函数收敛。

这个算法尝试找出使误差平方函数值最小的 k 个划分。当结果簇是密集的,而簇与簇之间区别明显时,它的效果较好。对处理大数据集,该算法是相对可伸缩的和高效率的,因为它的复杂度是 $O(nkt)$,n 是所有对象的数目,k 是簇的数目,t 是迭代的次数。通常地,$k \ll n$,且 $t \ll n$。这个算法经常以局部最优结束。

但是,k-means 方法只有在簇的平均值被定义的情况下才能使用。这可能不适用于某些应用,例如涉及有分类属性的数据。要求用户必须事先给出 k(要生成的簇的数目)可以算是该方法的一个缺点。k-means 方法不适合于发现非凸面形状的簇,或者大小差别很大的簇。而且,它对于"噪声"和孤立点数据是敏感的,少量的该类数据能够对平均值产生极大的影响。

例 6.6   假设有一个分布在空间中的对象集合,如图 6.7(a)所示。给定 $k=3$,即用户要求将这些对象聚为三类。根据算法 6.3,我们任意选择三个对象作为三个初始的簇中心,簇中心在图中用"+"来标注。根据与簇中心的距离,每个对象被分配给最近的一个簇。这样的分布形成了如图 6.7(a)中虚线所描绘的图形。

这样的分组会改变聚类中心,也就是说,每个聚类的平均值会根据类中的对象重新计算。依据这些新的聚类中心,对象被重新分配到各个类中。这样的重新分配形成了如图 6.7(b)中虚线所描绘的轮廓。

以上的过程重复,产生如图 6.7(c)所示的情况。最后,当没有对象的重新分配发生时,处理过程结束。聚类的结果被返回。

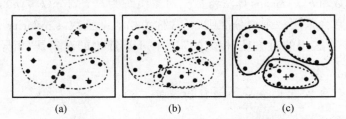

(a)	(b)	(c)

图 6.7   基于 k-means 的一组对象的聚类(每个簇的中心用"+"标注)

6.4　本章小结

　　本章介绍了数据挖掘中的关联规则挖掘、分类分析、聚类分析三种功能,并给出了每种功能的典型算法。其余更多的数据挖掘功能及相应算法,读者可查阅相关参考书目。

习　题

　　1. Apriori 算法使用子集支持度性质的先验知识。

　　(1) 证明频繁项集的所有非空子集必须也是频繁的。

　　(2) 证明项集 s 的任意非空子集 s' 的支持度至少和 s 的支持度一样大。

　　2. 数据库有 4 个事务。设 min_sup $=60\%$, min_conf $=80\%$。

TID	date	items_bought
T100	10/15/99	{K,A,D,B}
T200	10/15/99	{D,A,C,E,B}
T300	10/19/99	{C,A,B,E}
T400	10/22/99	{B,A,D}

　　(1) 使用 Apriori 算法找出频繁项集。

　　(2) 列出所有的强关联规则(带支持度 s 和置信度 c),它们与下面的元规则匹配,其中,X 是代表顾客的变量,$item_i$ 是表示项的变量(例如,"A""B"等):

　　$\forall x \in$ transaction, buys$(X, item_1) \wedge$ buys$(X, item_2) \Rightarrow$ buys$(X, item_3)[s, c]$

　　3. 下面的相依表汇总了超级市场的事务数据。其中,hotdog 表示包含热狗的事务,$\overline{hotdog}$ 表示不包含热狗的事务,humburgers 表示包含汉堡包的事务,$\overline{humburgers}$ 表示不包含汉堡包的事务。

	hotdog	$\overline{hotdog}$	Srow
humburgers	2000	500	2500
$\overline{humburgers}$	1000	1500	2500
Scol	3000	2000	5000

　　(1) 假定发现关联规则"hotdog⇒humburgers"。给定最小支持度阈值 25%,最小置信度阈值 50%,该关联规则是强的吗?

　　(2) 根据给定的数据,买 hotdog 独立于买 humburgers 吗? 如果不是,两者之间存在何种相关联系?

4. 简述判定树分类的主要步骤。

5. 在判定树归纳中,为什么树剪枝是有用的?

6. 什么是聚类?

第三部分

应用与发展篇

第7章 基于群体智能的数据挖掘方法

群体智能是一种新兴的进化算法,是受到群居昆虫群体和其他动物群体集体活动的启发发展而来的。群体智能中的基本算法主要有蚁群算法和粒子群算法两大类。由于它们具有自适应、自治性、并行性等特点和优势,已被用于高度复杂的组合优化问题,通信网络的路由选择问题,多机器人任务分配问题,图形生成及划分等问题中。近年来,一些学者和研究人员也开始致力于研究群体智能理论在数据挖掘中的应用,并取得了一定的成果,主要集中在分类以及聚类分析两个方面。本章将对基于群体智能的数据挖掘方法研究情况进行综述。

7.1 基于群体智能的分类方法

分类是指建立描述并区分数据类或概念的模型,并使用模型预测类标记未知的数据对象。由于分类分析的结果常用规则集的形式来表示,因此分类问题可以转化为在所有可能的规则中寻找最优规则集的问题。这与群体智能算法中的寻优思想相似,因此可以采用群体智能算法来解决分类问题。

7.1.1 基于蚁群算法的分类方法

文献[15]提出的 Ant-Miner 算法是其中的一个典型算法。该算法用于提取分类规则,分类规则用 IF-THEN 的形式表示。条件和结论中的每一项用三元组 < 属性,操作符,值 > 表示。算法受蚂蚁觅食过程中利用信息素的正反馈选择最优路径的行为的启发,基于如下思想:① 每条路径与问题的一个候选解相对应;② 候选解质量的增加与信息素的积累成正比;③ 在路径选择时,信息素多的路径被选择的概率大。算法的高级语言描述如下:

算法 7.1　Ant-Miner 算法描述

TrainingSet ＝ {所有训练样本};

DiscoveredRuleList ＝ [];　//规则列表初始为空集

WHILE (| TraningSet | ＞ Max_uncovered_cases)

　　$t ＝ 1$; // 蚂蚁序号

　　$j ＝ 1$; // 收敛验证序号

　　初始化所有项的信息素量为同一初始值;

　　REPEAT

　　　　构造规则 R_i;

  规则 R_i 剪枝；

  信息素更新；

 IF（R_i 与 R_{i-1} 相同）// 更新收敛验证序号

  THEN $j = j + 1$；

  ELSE $j = 1$；

 END IF

 $t = t + 1$；

UNTIL（$t \geqslant$ No_of_ants）OR（$j \geqslant$ No_rules_converg）

选择本次循环所有蚂蚁构造规则中的最优规则 R_{best}；

将 R_{best} 加入 DiscoveredRuleList；

TrainingSet $=$ TrainingSet $-$ ｛规则 R_{best} 覆盖的样本｝；

END WHILE

  Ant-Miner 算法运行每次循环发现一条规则，并去除训练集中被该规则覆盖的案例，直到未覆盖案例少于阈值。每次循环主要由以下三步组成：构造规则、规则剪枝、信息素更新。

  首先一只蚂蚁根据启发式函数和信息素量一次向规则中添加一项，直到：再加入一项会使该规则覆盖的案例小于阈值，该阈值是由用户定义的"每条规则最小覆盖案例数"；或者所有的项都被该蚂蚁使用过。

  其中启发式函数引入了信息熵度量。每一项的信息熵定义为

$$H(W \mid A_i = V_{ij}) = -\sum_{w=1}^{k}(P(w \mid A_i = V_{ij}) \cdot \log_2 P(w \mid A_i = V_{ij})) \quad (7.1)$$

由于 $H(W \mid A_i = V_{ij})$ 的取值范围是 $0 \leqslant H(W \mid A_i = V_{ij}) \leqslant \log_2 k$，因此启发式函数定义为

$$\eta_{ij} = \frac{\log_2 k - H(W \mid A_i = V_{ij})}{\sum_{i=1}^{a} x_i \cdot \sum_{j=1}^{b_i}(\log_2 k - H(W \mid A_i = V_{ij}))} \quad (7.2)$$

对于项 term_{ij}，$H(W \mid A_i = V_{ij})$ 是始终相同的，因此可以将所有项信息熵 $H(W \mid A_i = V_{ij})$ 的计算作为预处理步骤。

  其次对构造出的规则进行剪枝，去除无关项。无关项包含到规则中，是由于项选择过程中的随机变化，以及使用一次只考虑一个属性局部启发函数，忽略属性间相互作用的结果。规则剪枝的步骤是依次去除规则中的每一项，检验其对规则质量的改变，去掉改变最大的项。迭代这一过程，直到规则中只剩一项或者无法通过去除某一项来改变规则质量。需要注意的是，在该过程中规则结论部分的类别有可能变化。

  最后更新每条路径上的信息素量。然后下一只蚂蚁开始重复这一过程，直到：构造的规则数等于或大于用户定义的阈值 ——"蚂蚁的数量"；或者当前蚂蚁构造的规则与之前的完全相同。

其中初始信息量定义为

$$\tau_{ij}(t=0) = \frac{1}{\sum\limits_{i=1}^{a} b_i} \qquad (7.3)$$

信息素的更新基于以下两个基本思想：① 对于出现在蚂蚁发现的规则（剪枝后）中的每一项 $term_{ij}$，其信息素的增加与规则的质量成正比；② 未出现在规则中的项 $term_{ij}$，其信息素量减少，模拟真实蚁群中的信息素挥发。

其中规则的质量 Q 定义为

$$Q = \frac{TP}{TP+FN} \cdot \frac{TN}{FP+TN} \qquad (7.4)$$

则对应 $term_{ij}$ 的信息素更新用如下公式表示：

$$\tau_{ij}(t+1) = \tau_{ij}(t) + \tau_{ij}(t) \cdot Q, \forall i,j \in R \qquad (7.5)$$

信息素挥发采用将信息素量进行标准化的方法来模拟，即用当前信息素量除以信息素量总和的方法，对该方法有效性证明如下。

增加的信息素量总和等于当前规则 R_i 所涉及的所有项 $term_{ij}$ 的信息素增加之和，即：

$$\sum \Delta\tau = \sum \tau_{ij}(t) \cdot Q \quad term_{ij} \in R_i \qquad (7.6)$$

分以下两种情况进行讨论：

① 如果项 $term_{ij}$ 不在当前规则 R_i 中，其信息素量 τ_{ij} 不发生变化，则信息素标准化值与上一次循环相比的变化量为

$$\frac{\tau_{ij}(t)}{\sum\limits_{i}\sum\limits_{j}\tau_{ij}(t) + \sum \Delta\tau} - \frac{\tau_{ij}(t)}{\sum\limits_{i}\sum\limits_{j}\tau_{ij}(t)} < 0 \qquad (7.7)$$

即该项的信息素量减少。

② 如果项 $term_{ij}$ 在当前规则 R_i 中，其信息素量变化为 $\tau_{ij}(t+1) = \tau_{ij}(t) + \tau_{ij}(t) \cdot Q$。则信息素标准化值与上一次循环相比的变化量为

$$
\frac{\tau_{ij}(t) + \tau_{ij}(t) \cdot Q}{\sum\limits_{i}\sum\limits_{j}\tau_{ij}(t) + \sum \Delta\tau} - \frac{\tau_{ij}(t)}{\sum\limits_{i}\sum\limits_{j}\tau_{ij}(t)} = \frac{\tau_{ij}(t) \cdot \left(Q \cdot \sum\limits_{i}\sum\limits_{j}\tau_{ij}(t) - \sum \Delta\tau\right)}{\sum\limits_{i}\sum\limits_{j}\tau_{ij}(t) \cdot \left(\sum\limits_{i}\sum\limits_{j}\tau_{ij}(t) + \sum \Delta\tau\right)}
$$

$$
= \frac{\tau_{ij}(t) \cdot Q \cdot \left(\sum\limits_{i}\sum\limits_{j}\tau_{ij}(t) - \sum \tau_{ij}(t)\right)}{\sum\limits_{i}\sum\limits_{j}\tau_{ij}(t) \cdot \left(\sum\limits_{i}\sum\limits_{j}\tau_{ij}(t) + \sum \Delta\tau\right)} > 0
$$

$$\qquad (7.8)$$

即该项的信息素量减少。

综上可知，可以用信息素量标准化的方法来模拟信息素挥发。

一次循环结束后，将所发现的规则中最好的一个加入规则列表。规则前件确定后，规则后件分配为该规则覆盖的最多的类。

一些学者和研究人员对 Ant-Miner 算法做了进一步的研究和改进。文献[16]采用了基于密度的启发式函数和新的转换概率选择方法,提高了 Ant-Miner 算法的预测准确度;文献[17]对信息素更新方法和启发式函数进行了改进;文献[18]给出了基于蚁群优化的分类方法在一些过程工业问题中的应用;文献[19]提出了新的规则剪枝方法;文献[20]将 Ant-Miner 算法进行了扩展,分别用于解决多标签分类问题以及无序规则集的发现问题。

文献[21]提出了一种基于蚁群优化的模糊分类规则挖掘的算法,称为 FCACO (Fuzzy Classification Rules Mining Algorithm with Ant Colony Optimization),将 ACO 用于模糊分类规则的发现。该算法将连续值属性使用模糊集的概念来处理,进而对规则条件以模糊集的形式来表达,不仅使算法对实际应用中常遇到的非确定数据的处理更加灵活,而且增加了规则的可理解性。算法中采取了与决策树方法及 Ant-Miner 方法中的分治法(divide and conquer)不同的策略,包括属性 - 值权重以及更有效的信息素更新策略。

文献[22]提出了挖掘分类规则的并行蚁群优化算法。算法中的每个进程被指派一个类标签,即待发现规则的结论部分;每个进程中分配一定数量的蚂蚁,来搜索规则的条件部分。蚂蚁根据属性的权重、信息素量以及启发式函数值来选择项。

7.1.2　基于粒子群算法的分类方法

粒子群优化算法(PSO)是群体智能的另一类主要算法,在数据挖掘的分类和预测分析中也有应用。文献[23]提出将粒子群优化算法作为一种新的数据挖掘工具。研究的第一阶段实现了基于三种不同的粒子群优化算法(离散粒子群优化算法 DPSO,线性递减权重粒子群优化算法 LDWPSO,压缩粒子群优化算法 CPSO)的数据挖掘算法,并与遗传算法和决策树算法进行了测试比较。结果表明,粒子群优化算法对于分类任务是一个合适的选择。第二阶段在属性类型支持和时间复杂度方面改进了一个粒子群优化派生方法。通过用标准数据集进行验证,说明了粒子群数据挖掘算法与其他算法具有可比性,并能成功应用于其他问题域。

文献[24]提出了基于粒子群优化的规则提取算法。该算法将规则编码为粒子,通过粒子群优化算法的速度 - 位移搜索模型以及粒子保存的记忆信息指导生成模式分类规则集。在基本粒子群优化算法的基础上提出规则提取算法,针对每一类数据分别提取分类规则集。提取的规则采用两层评价指标:正确率与分类变量范围。在满足正确率指标的情况下,尽可能降低分类变量的变化范围,防止非同类规则之间的干涉现象。算法用于 Iris 鸢尾属植物数据集模式分类规则的提取。与其他规则提取方法比较,该算法在提高分类规则正确率的同时减少了计算代价。

文献[25]将粒子群算法应用于数据分类,给出了适用于粒子群算法的分类规则编码,构造了新的分类规则适应度函数来更准确地提取规则集,并通过修改粒子位置更新方程使粒子群算法适于解决分类规则挖掘问题,进而实现了基于粒子群算法的分类器设计。设数据集 D 中包含 $r-1$ 个特征属性 $x_l,x_2,\cdots,x_{r-1}$ 和 q 个类别属性 $class_1,class_2,\cdots,class_q$，它们共同构成 r 维规则搜索空间。在该空间内，由 n 个粒子组成一个群落，其中第 i 个粒子为一个 r 维向量 $x_i=(x_{i1},x_{i2},\cdots,x_{i,r-1},x_{ir})$，$i=1$，$2,\cdots,n$。第 i 个粒子的"飞行"速度是一个 $r-1$ 维的向量，记作 $v_i=(v_{i1},v_{i2},\cdots,v_{i,r-1})$，$i=1,2,\cdots,n$，$v_{ij}\in R$，$j=1,2,\cdots,r-1$，且 $v_{ij}\in[-V_{max},V_{max}]$，$V_{max}$ 是常数，通过经验指定。记第 i 个粒子迄今为止搜索到的最优位置为 $P_i=(P_{i1},P_{i2},\cdots,P_{i,r-1},P_{ir})$，$i=1,2,\cdots,n$。整个粒子群迄今为止搜索到的最优位置为 $P_g=(P_{g1},P_{g2},\cdots,P_{g,r-1},P_{gr})$。基于基本粒子群算法（BPSO）的分类规则挖掘算法具体过程如下：

Step 1：对数据集 D 进行预处理，包括对数据集 D 的数据进行数据清理，清除非规范数据，平滑噪声数据和填写缺失值等；如果数据集数据未进行离散化，要对数据进行概念分层离散化处理。

Step 2：初始化权重因子 θ_1、θ_2，学习因子 c_1、c_2，惯性因子 ω，以及最大迭代次数 L，速度最大值 V_{max} 和数据量阈值 M 等参数。

Step 3：确定本次搜索要挖掘分类规则类别 $class_k$，$k\in(1,2,\cdots,q)$。如果数据集 D 中类别 $class_k$ 的数据个数小于阈值 M，这时意味着该类别数据量过小，可终止该类别的规则挖掘，进行下一个类别规则的挖掘，$k=k+1$，并将数据集恢复成完整的数据集；如果 $k>q$，则转 Step 7。

Step 4：在对应的范围内随机生成粒子 i 的位置向量 $x_i=(x_{i1},x_{i2},\cdots,x_{i,r-1},x_{ir})$，表示规则结论的规则类别属性 $x_{ir}=k$，在速度设定范围内随机生成每个粒子的速度向量 v_i，置 $P_i=x_i$，$i=1,2,\cdots,n$，$P_g=(0,0,\cdots,0,k)$。

Step 5：计算 n 个粒子的适应度 $f(x_i)$。如果 $f(x_i)>f(P_i)$，则 $P_i=x_i$，$i=1$，$2,\cdots,n$，$f(x_i)=\max(f(x_i),i=1,2,\cdots,n)$；如果 $f(x_j)>f(P_g)$，则 $P_g=x_j$，如已经达到最大迭代次数 L，则转 Step 7。

Step 6：更新 n 个粒子的速度向量 v_i 和位置 x_i。

$$v_{ij}=\omega v_{ij}+c_1\alpha_1(p_{ij}-x_{ij})+c_2\alpha_2(p_{gj}-x_{ij}) \tag{7.9}$$

其中，$\omega\geqslant0$，称为惯性因子；学习因子 c_1 和 c_2 是非负常数；α_1 和 α_2 是介于 $[0,1]$ 之间的随机数；对于粒子位置向量 x_i，由于粒子速度向量为浮点数，可是 x_i 要求为正整数，因此在原有算法位置向量更新方式的基础上，对 x_i 进行取整操作，如式（7.10）所示。

$$x_{ij}=int(x_{ij}+v_{ij}) \tag{7.10}$$

完成粒子群中所有粒子的位置和速度更新操作后，进一步检查，如果 $x_i(i=1,2,\cdots,n)$ 超出设定的范围，则取边界值，转 Step 5。

Step 7：将搜索到的粒子最优位置 P_g 置入规则集 R 中，然后采用序列覆盖算法在数据集 D 中移去规则 P_g 覆盖的数据，即特征属性和分类属性均与规则相匹配的数据，其他类别属性的数据保留，以使在挖掘某一类规则时，能够保持负样本数量不变，以保证挖掘规则的准确性。完成操作后转 Step 3。

该文用加州大学欧文分校（University of California，Irvine）提供的 UCI 基准数据集对提出的粒子群分类器进行了测试，并将几种速度与位置更新策略不同的粒子群算法分类器与遗传算法分类器进行对比，实验结果表明，这种粒子群分类器是一种有效、可行的分类器设计方案。

7.2　基于群体智能的聚类分析方法

聚类分析是数据挖掘中的一个重要功能，就是将数据对象划分为多个类或簇，使得簇内对象距离最小，簇间对象距离最大。聚类可用数学形式化描述为：设给定数据集 $X = \{x_1, x_2, \cdots, x_n\}, i \in \{1, 2, \cdots, n\}, x_i = \{x_{i1}, x_{i2}, \cdots, x_{ip}\}$ 是 X 的一个对象，$j \in \{1, 2, \cdots, p\}, x_{ij}$ 是 x_i 对象的一个属性。根据数据的内在特性将 X 分解成 $C = \{C_1, C_2, \cdots, C_k\}$。其中 $\bigcup_{i=1}^{k} C_i = X$，且对于任意 $i, j \in \{1, 2, \cdots, k\}, C_i \neq \varnothing, C_j \neq \varnothing, C_i \wedge C_j = \varnothing (i \neq j)$。$K = \{X, C\}$ 称为一个聚类空间，C_i 称为聚类空间中的第 i 类（簇）。

7.2.1　基于蚁群算法的聚类分析方法

基于蚁群算法的聚类方法从原理上可以分为四种：① 运用蚂蚁觅食的原理，利用信息素来实现聚类；② 利用蚂蚁自我聚集行为聚类；③ 基于蚂蚁堆的形成原理实现数据聚类；④ 运用蚁巢分类模型，利用蚂蚁化学识别系统进行聚类[26]。

文献[27]中提出了一种基于蚁群觅食原理的聚类方法 ACODF（Ant Colony Optimization with Different Favor）。ACODF 方法主要有以下三个策略：① 使用带有不同喜好的 ACO 的策略，每只蚂蚁根据信息素的不同决定选择路径的喜好；② 局部优化采用模拟退火概念；③ 用锦标赛选择策略进行路径选择。其具体步骤如下：

步骤一：初始化。输入 n 个数据集并随机放置 m 个蚂蚁到 m 只节点，$m = n/2$。

步骤二：计算蚂蚁下次要访问的节点数。

步骤三：计算蚂蚁要访问的节点数（每只蚂蚁沿随机方向访问其他节点）。

步骤四：随机选择 r 条路径（$r = 10$），计算信息素量，选择信息素量最高的路径。

步骤五：更新每条路径的信息素量。

步骤六：重复步骤二至五，直到信息素量稳定。

步骤七：根据信息素量值进行聚类。

该方法与结合了 k-means 方法的快速自组织映射方法 FSOM 以及基于遗传算法的 k-means 方法 GKA 进行了仿真结果比较。通过三种算法簇内距离和簇间距离以及运行时间的比较，说明了 ACODF 方法的性能优于另两种方法。

文献[28—30]中也分别对基于蚁群觅食原理的数据挖掘聚类方法进行了研究。文献[28]给出了一种并行多种群自适应蚁群算法，并用于数据聚类分析。该算法采用多种群并行搜索，并在种群中采用基于目标函数值的启发式信息素分配策略和根据目标函数自动调整蚂蚁搜索路径的行为。在增强自学习能力的基础上，在最优解可能出现的区域做更细致的搜索。同时，通过路径选择的多样性保证全局的有效搜索，算法能更快、更有效地找到全局最优解。文献[29]根据数据聚类分析和蚂蚁觅食过程的相似之处，将蚁群算法应用到聚类分析中。文献[30]提出了基于蚁群的聚类学习方法，并用于离群数据挖掘(孤立点分析)，确定离群数据。

文献[31]提出了一种基于蚂蚁自我聚集行为的聚类算法 AntTree。蚂蚁能够通过自我聚集行为构建一个树状结构，这个结构被称为蚂蚁树(AntTree)。用蚂蚁表示数据并代表该树的节点。初始时蚂蚁被放在一个称为支点的固定点上，这个点相当于树根。蚂蚁在这棵树上或已经固定在树上的蚂蚁身上移动，来寻找适合自己的位置。假设蚂蚁能够到达树的任何地方并能粘在该结构的任何位置。不过在结构树形成的过程中受对象间的作用，蚂蚁更趋于固定在树枝的末端。树的局部结构及蚂蚁表示的数据之间的相似性引导它的移动，当所有蚂蚁都在树上固定下来后，算法结束，获得对数据集的划分。

为了更好地描述算法过程，采用蚂蚁表示的数据代表树中的每个节点，用欧氏距离作为相似度尺度，用 $\text{Sim}(i,j)$ 表示。相似度公式为

$$\text{Sim}(i,j)=1-\sqrt{\frac{1}{M}\sum_{k=1}^{M}(v_{ik}-v_{jk})^2} \tag{7.11}$$

其中，M 表示每个数据对象的属性值，v_{ik} 表示数据对象 i 的第 k 个属性。每对数据(i,j)的相似度 $\text{Sim}(i,j)$ 在$[0,1]$之间。AntTree 主要原理如下：

节点 a_0 表示树根，蚂蚁逐步连接到这个初始节点上或连接到固定在该节点的蚂蚁上，直到所有的蚂蚁均连接到结构上(蚂蚁树的停止标准)。移动的蚂蚁 a_i 根据 $\text{Sim}(i,j)$ 值和它的局部邻居决定自身的位置。每只蚂蚁 a_i 只有一个父节点，最多有 $L_{\max}$ 个子节点。对每只蚂蚁 a_i 都定义一个相似度阈值 $T_{\text{Sim}(a_i)}$ 和相异度阈值 $T_{\text{Dissim}(a_i)}$，并且由 a_i 进行局部更新，用来判断蚂蚁 a_i 表示的数据 i 与其他蚂蚁表示的数据的相似或相异程度。

蚂蚁的局部行为：第一只蚂蚁直接连接到 a_0 上，对后来的蚂蚁 a_i 要考虑两种情况：第一种情况是 a_i 在支点上。设 a^+ 为支点上且与 a_i 最相似的蚂蚁。如果 $\text{Sim}(a_i,a^+)\geqslant T\,\text{Sim}(a_i)$，那么 a_i 向 a^+ 移动，使它们能尽可能地聚集在同一棵子树上，即在同一个簇内。否则若 $\text{Sim}(a_i,a^+)<T_{\text{Dissim}(a_i)}$，那么它就连接在支点上，即创建了一棵新子树，该子树上的蚂蚁将尽可能地与以 a_0 为根的其他子树上的蚂蚁不同。如果 a_0 已经有 $L_{\max}$ 个子节点，则 a_i 向 a^+ 移动。假如 a_i 和 a^+ 既不足够相似，也不足够相异，则用 $T_{\text{Sim}(a_i)}\leftarrow T_{\text{Sim}(a_i)}\times\alpha$ 和 $T_{\text{Dissim}(a_i)}\leftarrow T_{\text{Dissim}(a_i)}+\beta$ 来更新阈值，增加 a_i 下次连接的概率，α 和 β 为调节因子。由于分布的相似性，相似性阈值的减少速度明显高于相异性阈值的增加速度。

第二种情况是 a_i 在蚂蚁 a_{pos} 上移动(a^+ 表示 a_{pos} 上与 a_i 最相似的蚂蚁)。如果 a_{pos} 的子节点少于 $L_{\max}$ 且 a_i 与 a_{pos} 足够相似($\text{Sim}(a_i,a_{\text{pos}})\geqslant T_{\text{Sim}(a_i)}$)，与 a_{pos} 上其他

蚂蚁足够相异（$\mathrm{Sim}(a_i, a^+) < T_{\mathrm{Dissim}(a_i)}$），那么 a_i 就连接在 a_{pos} 上。否则蚂蚁 a_i 随机地向 a_{pos} 的邻居移动。根据需要，按前面的方式更新阈值，寻找合适的位置。当所有蚂蚁都连接好时，算法结束。

利用该算法得到的簇更接近于数据的真实分类，并且当蚂蚁连接上以后就不再移动，所以平均执行时间相当低。但是算法的初始化（a_0 的选取）很重要，它影响整个算法的质量，此外，阈值的更新策略也是影响该算法的最重要并且最难确定的因素。

一些研究者将由蚂蚁收集尸体和幼虫分类过程启发而发展而来的方法应用于数据挖掘的聚类分析。蚁堆聚类方法的基本机制是工蚁堆积蚂蚁的尸体的过程。小蚁堆不断吸引工蚁堆积更多的蚂蚁尸体，通过正反馈导致蚁堆逐渐增大。文献[32]提出了一种基于蚁堆聚类方法的客户行为分析算法。首先将每个客户消费模式作为平面上的一个点随机分布于平面区域内；然后依据基于群体智能的聚类方法，根据公式

$$f(o_i) = \sum_{o_j \in \mathrm{Neigh}(r)} \left[1 - \frac{d(o_i, o_j)}{\alpha} \right] \tag{7.12}$$

计算群体相似度。其中，$\mathrm{Neigh}(r)$ 表示局部环境，在二维网格环境中通常表示以 r 为半径的圆形区域；$d(o_i, o_j)$ 表示对象属性空间里的对象 o_i 与 o_j 之间的距离，常用方法是欧式距离和余弦距离等；α 为群体相似系数，它是群体相似度测量的关键系数，直接影响聚类中心的个数，同时也影响聚类算法的收敛速度。然后根据群体相似度计算结果，选用由小到大的群体相似系数进行聚类分析；最后，在平面区域内采用递归算法收集聚类结果，获得不同消费特征的客户群体。文中还提出了算法的并行策略，提高了算法对大数据量的适应性。该文以电信移动客户话费数据作为实验数据，并将算法结果与其他经典聚类算法的结果进行比较分析。分析结果表明：这种基于群体智能的客户行为分析算法能够满足客户聚类和分类的要求，特别是在大客户分析及一对一营销中特别客户的分析方面；该算法有直观、类别特征明显等特点。

文献[33]中引入了蚂蚁运动速度的概念，并改进了群体近似度的计算公式和概率转换函数，提出了基于蚁群算法的聚类组合新方法，模仿多蚁群的协作性能，将运动速度类型各异的多个蚁群，独立而并行地进行聚类分析，然后组合其聚类结果为超图，再用蚁群算法对超图进行两次划分。

文献[34]提出了利用蚂蚁化学识别系统原理来聚类的蚂蚁聚类方法 AntClust。现实中的蚂蚁为了保护自己的巢穴不被敌人攻击破坏，必须具备区别伙伴和敌人的能力，它是靠识别群体间的气味来实现的。当两只蚂蚁相遇时分别检查对方表皮所散发的气味（也叫标签），并与自身的模板比较。模板是蚂蚁在幼年时期获得的，并在成长过程中不断更新。标签是由蚂蚁基因及蚂蚁间不断交换的化学物质决定的。同伴间通过不断交换的化学物质建立群体气味，该气味可以被每个伙伴识别，不同群体具有不同的气味，同一群体分享相同的气味，这就是所谓的"群体圈"，也是化学识别系统的基本原理。

为了更好地说明 AntClust 方法，给每只蚂蚁 a_i 定义如下参数：由蚂蚁巢穴的属

性决定的标签 $Label_i$ 代表蚁巢,初始时蚂蚁不受任何巢穴的影响,$Label_i = 0$;随后标签不断变换,直到蚂蚁找到最好的巢穴为止。模板由蚂蚁的基因 $Genetic_i$ 和接受阈值 $Template_i$ 组成。前者对应于数据集的对象且在算法过程中不断变化;后者在初始化阶段获得,是蚂蚁 a_i 与其他蚂蚁 a_j 相遇期间观察到的最大相似度 $Max(Sim(i,j))$ 和平均相似度 $\overline{Sim(i,j)}$ 的函数。蚂蚁每次和其他蚂蚁相会后对其进行修改。

$$Template_i \leftarrow \frac{\overline{Sim(i,j)} + Max(Sim(i,j))}{2} \tag{7.13}$$

评价因子 M_i 反映蚂蚁间的相遇情况。相同标签的蚂蚁相遇,M_i 增加;反之,M_i 减少。开始时 $M_i = 0$,它反映蚂蚁 a_i 所在巢穴的规模。M_i^+ 表示蚂蚁被接受程度。如果具有相同标签的蚂蚁相遇或两只蚂蚁彼此接受对方,M_i^+ 增加;否则蚂蚁不接受时减少。蚂蚁接受与否可根据下面的公式判断,设 a_i,a_j 分别表示两只蚂蚁,则

$$Acceptance(a_i,a_j) \Leftrightarrow (Sim(a_i,a_j)) > Template_i \wedge (Sim(a_i,a_j)) > Template_j \tag{7.14}$$

蚂蚁簇算法主要是反复随机选择两只蚂蚁并模仿它们相遇的过程:

(1) 当两只都没有巢的蚂蚁相遇并彼此接受时将创建一个新的巢(初始簇),并作为"种子"聚集相似蚂蚁,以便产生最终的簇。

(2) 当有巢的蚂蚁遇到可以接受的没有巢的蚂蚁时,没有巢的蚂蚁加入该巢内,通过加入相似蚂蚁来扩大现存的簇。

(3) 属于同一个巢的蚂蚁在接受的情况下增加评价因子和,使巢变得更健壮。

(4) 当两个同伴相遇且不能彼此接受时,则整体最差的蚂蚁将被从巢中驱除出去。这样通过除去不理想的蚂蚁,使巢变得更完美。

(5) 不同巢的蚂蚁相遇且彼此接受时,合并它们的巢,即合并相似的簇,小簇被大簇吸收。算法结束时蚂蚁集中在有限数目的巢内,巢就是期望得到的划分。

反复利用这些过程,能得到最终想要的划分。该算法能处理任意类型的数据,具有很好的鲁棒性和适应性。但是如何确定迭代次数来保证算法收敛,有待进一步研究。另外巢的删除阈值直接影响到聚类结果的稳定性,目前该阈值的设定尚未有效解决,尽管有些文献对这做了修改,但没有足够的理论依据。

7.2.2　基于粒子群算法的聚类分析方法

文献[35]采用粒子群优化(PSO)算法,代替遗传算法(GA),将其和模糊 c 均值(FCM)聚类算法结合,形成基于粒子群优化的模糊 c 均值聚类(PSO-FCM)算法。同时引进混沌优化算法,来加强 PSO-FCM 算法的局部搜索能力。算法中考虑了粒子之间的信息交流,认为对当前粒子最有影响的粒子 p_n 应满足如下条件:

(1) 与当前粒子距离近;

(2) 具有过较高的适应度。

对是否满足这两个条件粒子可根据公式(7.15)推得:

$$p_{jid} = \frac{\text{fitness}(p_j) - \text{fitness}(y_i)}{|p_{jd} - y_{id}|} \tag{7.15}$$

$d = 1, 2, \cdots, s \times c$，其中，$c$ 为聚类中心个数，s 为聚类中心的维数，y_i 为当前需要被更新的粒子。粒子 p_n 的每一维是这样组成的：对空间其他粒子 p_j 按公式(7.15)计算 p_{jid}，找出最大的 p_{jid}（$j = 1, 2, \cdots,$ size 且 $j \neq i$），将其对应的 p_{jd} 组成 p_{nd}。根据粒子所得到的个体极值和全局极值以及最有影响的粒子，按公式(7.16)、(7.17)、(7.18)更新粒子的速度和位置。

$$u_{t+1\,id} = \omega \times u_{t\,id} + c_1(p_{id} - y_{id}) + c_2(p_{gd} - y_{id}) + c_3(p_{nd} - y_{id}) \tag{7.16}$$

$$u_{t+1\,id} = \min(u_{\max}, \max(-u_{\max}, u_{t+1\,id})) \tag{7.17}$$

$$y_{t+1\,id} = \min(\text{Max}_d, \max(-\text{Min}_d, y_{t\,id} + u_{t+1\,id})) \tag{7.18}$$

$$\omega = \omega_{\max} - \frac{\omega_{\max} - \omega_{\min}}{\text{iter}_{\max}} \times \text{iter} \tag{7.19}$$

$u_{t\,id}$ 为迭代次数为 t 时第 i 个粒子 d 维的速度，$y_{t\,id}$ 为迭代次数为 t 时第 i 个粒子 d 维的位置。ω 是非负数，称为惯性因子，$\omega_{\max}$ 为初始时的惯性因子，$\omega_{\min}$ 为迭代结束时的惯性因子，$\text{iter}_{\max}$ 为最大迭代次数，iter 为当前迭代次数。c_1、c_2 和 c_3 称为学习因子，是取值在 $[0,1]$ 内的随机数。p_i 是个体极值，p_g 是全局极值，p_n 是对当前粒子最有影响的粒子。为防止粒子逃出解空间，需要设定粒子的最大速度 $u_{\max}$，这里对最大速度取值为粒子每维变化的 10%。同时，设定最大位置 Max_d 和最小位置 Min_d，根据粒子每维的定义域设定。

为了加强粒子在局部空间的搜索能力，使其能更好地收敛到全局最优值，算法中还利用混沌算法的初值敏感性和遍历性扰动粒子个体，使其跳出局部最优。文中采用四螺线模型，该模型是对已存在混沌模型的一种改进，可以减少搜索盲区，对粒子的每维进行扰动。其数学描述为

$$\begin{cases} a_m = 4a_{m-1}(1 - a_{m-1}) \\ u = r\left(1 - \dfrac{f(y_i)}{f_{\max}(y)}\right) \\ \text{for}(k = 0 : 3) \\ y'_{i4(m-1)+k} = y_{i4(m-1)+k} + u \times \sin\left(2\pi a_m + k\dfrac{\pi}{2}\right) \\ a_0 = \text{rand}, m = 1, 2, \cdots, c*s/4 \\ \text{end} \end{cases} \tag{7.20}$$

式中：a_0 在 $[0,1]$ 内按随机方式产生，r 为扰动区域半径，u 为具体粒子扰动半径，$f(y_i)$ 为第 i 个粒子的适应度，$f_{\max}(y)$ 为当前粒子群最大适应度。扰动后的粒子群仅仅是改变了粒子的位置，粒子的速度将保持不变。这样做的目的是跳出可能的局部最优，仍然去接近全局极值。r 的选取是很重要的，它影响该算法的搜索空间大小，通过对该参数的适当设置，可以使混沌扰动仅仅是加强了该算法的局部搜索能力而并不影响该算法的收敛性，因此，r 一般在 $[0,1]$ 内取值。

把 FCM 的基本步骤和粒子群优化的思想相结合,得到基于粒子群算法的模糊 c 均值聚类的基本步骤。

第一步:初始化粒子群。随机选取 c 个聚类中心,计算隶属度矩阵,由聚类中心组成一个粒子,并初始化该粒子的速度。反复执行该步,直到粒子的数量符合要求。

第二步:FCM 聚类算法。根据 FCM 聚类算法的基本步骤,计算新的聚类中心及相应的隶属度矩阵,同时组成相应的粒子。反复执行该步,直到粒子的数量符合要求。

第三步:PSO 算法。评价粒子的适应度,追踪并记录每个粒子的个体极值和整个粒子群的全局极值。更新粒子的位置和速度。

第四步:混沌扰动。对粒子的位置进行扰动,粒子的速度保持不变。

第五步:对新得到的粒子群中的每个粒子,计算其相应聚类中心的隶属度矩阵。

第六步:判断迭代次数是否符合要求。如果符合,则算法结束;否则,返回第二步。

以某工厂丙烯腈反应器数据为研究对象,与 GA-FCM 算法和 FCM 算法对比,研究结果表明 PSO-FCM 算法能够得到较优的聚类,且该算法实现简单,便于工程应用。

文献[36]将 PSO 算法用于指定聚类中心数量的聚类问题,并将 PSO 算法与 k-means 算法相结合,首先用 k-means 算法聚类形成初始的簇,然后再应用 PSO 算法在 k-means 算法聚类结果之上进行提取。通过实验,与 k-means 算法进行了对比,结果表明文中提出的两种基于 PSO 的聚类方法具有更好的性能。文献[37]采用了改进的粒子群算法 QPSO(Quantum-behaved Particle Swarm Optimization)进行聚类分析。文献[38]将 k-means 算法、单纯形算法(Nelder-Mead simplex)以及 PSO 算法相结合,提出了一种更为有效的聚类分析方法 K-NM-PSO 算法。

7.3 本章小结

通过对上述文献的研究和综述,发现在已有的基于群体智能的数据挖掘方法研究中存在以下问题:

(1)处理大规模数据集的能力有待加强,虽然群体智能算法有其固有的并行性,但其处理大规模数据集的能力仍然有限,应研究更为有效的并行策略或增量挖掘方法。

(2)规则的提取和表示需要改善,使规则能够自动提取,并具有良好的可理解性,易于用户的维护和应用。

(3)如何将现实的挖掘任务转换成群体智能求解的问题空间,并用适当的方式表达;如何定义人工群体智能个体以及个体间的非直接通信方式的选择。

(4)如何建立正反馈机制,定义启发函数,递增地进行问题求解,并且使得到的解与问题定义中现实世界的情况相对应。

（5）算法要初始化大量的参数，这些参数的选择会对算法的性能产生较大的影响，但其选取的方法和原则目前尚无理论上的依据，只能通过多次实验调优，因此参数的最佳设置原则还有待进一步研究。

（6）算法的搜索时间较长，如何将群体智能方法与其他优化算法相结合，改善和提高算法性能，以适应海量数据库的知识发现。

（7）算法稳定度方面的研究比较缺乏。稳定度是指对于不同数据集的预测准确度的变化情况，目前研究较少涉及。如何提高算法的稳定度，以避免对特定数据集的过适应是目前需要解决的问题之一。

（8）对算法中涉及的公式进行改进，以提高算法的预测准确度。目前算法中所提出的启发式函数、信息素更新、转移概率计算等公式还有一定的改善空间。

（9）应用领域应进一步拓宽，研究算法在更多的具体领域中的应用特点。

习　题

1. 群体智能的基本算法有哪些？
2. 用于分类分析的 Ant-Miner 算法的基本思想是什么？
3. 基于蚁群算法的聚类方法有哪些类型？
4. 基于粒子群算法的聚类分析方法基本思想是什么？它们与划分方法有何异同之处？

第8章 基于群体智能的分类方法

分类是数据挖掘的主要任务之一,也是现实世界中基于数据进行学习的一项重要内容。例如对信用卡用户信誉等级的划分,对患者的某种疾病的诊断等,都属于分类的过程。在数据挖掘中,分类是指建立描述和区分数据类或概念的模型,并使用发现的模型将类标记未知的数据分配到合适的数据类中。由于不同的分类方法所适用的应用范围有所差别,因此对新的分类方法的研究是十分必要的。

常用的分类方法包括决策树、神经网络、遗传算法、贝叶斯分类等。但每种方法都有一定的局限性。例如决策树中的属性选择往往忽略属性间相互作用,神经网络得到的模型可理解性差,等等。不同方法得到的分类模型也各不相同。其中可理解性好且较为通用的是分类规则。分类规则通常用 IF-THEN 规则的形式来表示,形如:IF $<$ term1 AND term2 AND $\cdots$ $>$ THEN $<$ consequent $>$。其中条件部分的每一项用一个三元组 $<$ 属性,运算符,值 $>$ 表示,其中的运算符通常为比较运算符,例如:age $<$ 25。结论部分是分类的结果,即预测属性的值,例如在信用卡用户信誉等级的划分中,结论部分可表示为:credit_class $=$ A。

蚁群优化算法是根据现实世界中蚂蚁群体的觅食行为发展而来的元启发式算法。由于其在解空间中具有鲁棒性和柔性良好的解搜索能力,因此在旅行商问题、二次分配、车间调度、序列求序、图形着色、面向连接网络路由以及无连接网络路由等组合优化问题中都得到了应用。

本章研究基于蚁群优化算法的分类规则挖掘,利用蚁群优化算法良好的解搜索能力,来发现分类规则。在现有相关研究中,文献[15]提出了一种基于蚁群优化算法的数据挖掘方法——Ant-Miner,并与归纳算法 CN2 进行了性能比较,证明了该方法在分类准确度,尤其是规则简洁性方面具有一定优势;文献[16]采用了基于密度的启发式函数和新的转换概率选择方法,提高了 Ant-Miner 算法的预测准确度;文献[17]改进了信息素更新方法和启发式函数;文献[18]给出了基于蚁群优化的分类方法在一些过程工业问题中的应用。但上述现有算法在信息素更新策略,对初始项的依赖、离散化方法选择以及参数的设定等几方面还存在不足。本章针对这些问题,采用改进的 MAX-MIN 蚁群系统信息素更新策略,提出了多蚂蚁种群并行策略,采用了考虑误分类代价的离散化方法,并对算法中的参数采用步进式调整。通过对 UCI 中六个数据集的实验,证明了本章提出的方法具有更优的性能。

下面首先对本章所使用的变量和符号进行定义和说明:

No_ant_populations:蚂蚁种群的数量。

No_ant_in_each_populations:每个蚂蚁种群中的蚂蚁数量。

Max_uncovered_cases：训练集中未被规则覆盖的样本的最大允许数量，是算法终止的阈值条件。

Min_cases_per_rule：每条规则最少覆盖的样本数量，是规则剪枝中用以保证规则质量的阈值条件。

No_rules_converg：连续重复规则数量，是算法收敛的阈值条件。

TrainingSet：样本训练集。

| TrainingSet |：训练集中的样本数量。

DiscoveredRuleList：已发现的规则集。

R_i：蚂蚁 i 所构造的规则。

R_{best}：所有蚂蚁一次循环所获得规则中的最佳规则。

$term_{ij}$：属性 - 值对，表示属性 A_i 取第 j 个值，称为一项。

a：属性的数量。

b_i：属性 A_i 所有可能值的数量。

TP（True Positives）：规则覆盖的分类正确的样本数量。

FP（False Positives）：规则覆盖的分类错误的样本数量。

FN（False Negatives）：规则未覆盖但类别与目标类别相同的样本数量。

TN（True Negatives）：规则未覆盖且类别与目标类别不同的样本数量。

Q：规则质量。

P_{ij}：项 $term_{ij}$ 所对应的选择概率。

η_{ij}：项 $term_{ij}$ 所对应的启发式函数。

τ_{ij}：项 $term_{ij}$ 所对应的信息素量。

τ_{max}：信息素更新时所允许的信息素上限。

τ_{min}：信息素更新时所允许的信息素下限。

ρ：信息素挥发系数。

8.1　蚁群优化算法与人工蚂蚁

蚁群算法是由意大利科学家 Marco Dorigo 等人在 20 世纪 90 年代初提出来的。它是继模拟退火算法、遗传算法、禁忌搜索算法、人工神经网络算法之后的又一种应用于组合优化问题的启发式搜索算法。Marco Dorigo 等人将蚁群算法先后应用于 TSP 问题、二次指派问题等经典优化问题，得到了较好的效果。

蚁群算法是受现实世界中的蚁群觅食行为启发提出的一种元启发式算法。现实世界中的蚂蚁在觅食过程中，会在经过的路径上留下一种化学物质 —— 信息素。蚂蚁能够感知信息素的存在及其强度，并倾向于往信息素浓度高的方向移动。由于相等时间内较短路径上的信息素量遗留得较多，因此选择较短路径的蚂蚁也随之增多。大量蚂蚁组成的蚁群集体行为由此表现出了一种信息正反馈现象，使蚁群最终能找到巢穴与食物源之间的最短路径。

蚁群算法首先成功应用于 TSP 问题的求解。下面简单介绍其基本算法。已知一组城市 n，TSP 问题可简单表述为寻找一条访问每一个城市且仅访问一次的最短长度闭环路径。设 d_{ij} 为城市 i 与 j 之间路径长度，在欧氏 TSP 中，d_{ij} 为城市 i 与 j 之间的欧氏距离。TSP 的实例是已知一个图 $G(N，E)$，N 是一组城市，E 是一组城市间的边，G 在欧氏 TSP 中为一个全连通图，选用对称 TSP 问题，即 $d_{ij}=d_{ji}$。

每一个简单蚂蚁个体有如下特性：

（1）它依据以城市距离和连接边上的信息素量为变量的概率函数来选择下一个城市（设 $\tau_{ij}(t)$ 为 t 时刻边 $e(i，j)$ 上的信息素量）；

（2）通过禁忌表控制蚂蚁走合法路线，除非遍历所有城市，否则不允许选择已访问过的城市（设 tabu_k 为第 k 个蚂蚁的禁忌表，$\mathrm{tabu}_k(s)$ 表示禁忌表中的第 s 个元素）；

（3）遍历所有城市后，蚂蚁在它每一条已访问的边上留下信息素。

基本的蚁群算法（AS）简单描述如下：在 0 时刻进行初始化过程，蚂蚁放置在不同的城市，每一条边都有一个初始信息素量 $\tau_{ij}(0)$。每一只蚂蚁禁忌表的第一个元素置为它的开始城市。然后每一只蚂蚁从城市 i 移动到 j，依据两个变量的概率函数选择移动到的目标城市。在 n 次循环后，所有蚂蚁都完成了一次遍历，同时它们的禁忌表已满。此时计算每一只蚂蚁 k 的路径长度 L_k，更新每条边上的信息素量。保存由所有蚂蚁找到的路径中的最短路径，置空所有禁忌表。重复这一过程，直到遍历计数器达到最大遍历次数 NC_{MAX}，或者所有蚂蚁都走同一路线。后一种情况被称为停滞状态。如果算法在 NC 次循环后结束，则蚁群算法的复杂度为 $O(\mathrm{NC} \cdot n^2 \cdot m)$。

信息素更新公式为

$$\tau_{ij}(t+n)=\rho \cdot \tau_{ij}(t)+\Delta\tau_{ij} \tag{8.1}$$

其中，ρ 为信息素挥发系数，$(1-\rho)$ 表示在时刻 t 和 $t+n$ 之间信息素的残留系数。

$$\Delta\tau_{ij}=\sum_{k=1}^{m}\Delta\tau_{kij} \tag{8.2}$$

$\Delta\tau_{kij}$ 是在时刻 t 和 $t+n$ 之间第 k 只蚂蚁在边 $e(i，j)$ 上留下的信息素量，其计算公式为

$$\Delta\tau_{kij}(t)=\begin{cases}\dfrac{Q}{L_k} & \text{，如果在时刻 } t \text{ 和 } t+n \text{ 之间第 } k \text{ 个蚂蚁使用边 } e(i,j)，\\ 0， & \text{其他}\end{cases} \tag{8.3}$$

其中，Q 是一个常数，L_k 是第 k 只蚂蚁遍历的路径长度。

第 k 只蚂蚁从城市 i 移动到 j 的选择概率为

$$p_{kij}(t)=\begin{cases}\dfrac{[\tau_{ij}(t)]^\alpha \cdot [\eta_{ij}]^\beta}{\sum\limits_{k \in \mathrm{allowed}}[\tau_{ik}(t)]^\alpha \cdot [\eta_{ik}]^\beta} & ，j \in \mathrm{allowed}_k，\\ 0， & j \notin \mathrm{allowed}_k\end{cases} \tag{8.4}$$

其中，$\mathrm{allowed}_k=\{N-\mathrm{tabu}_k\}$，$\alpha$ 和 β 都是控制信息素与可见度的相对重要性的参数。选择概率由可见度和信息素量共同决定。

蚁群算法中的主要思想都来源于现实中的蚂蚁群体的觅食行为,主要体现在:

- 由协作个体组成群体;
- 个体间使用信息素轨迹(pheromone trail)进行局部环境激发式通信;
- 通过协作个体一系列的局部移动来发现最短路径;
- 使用基于局部信息的随机决策策略,没有先验知识。

另一方面,蚁群算法中的人工蚂蚁还具有一些真实蚂蚁所没有的特性,包括:

- 人工蚂蚁在离散空间移动;
- 人工蚂蚁具有内部状态,可以对过去行为进行记忆;
- 人工蚂蚁所释放的信息素量是关于其所发现解决方案质量的函数;
- 人工蚂蚁释放信息素的时间依赖于具体问题,通常并不符合真实蚂蚁的行为;
- 为改进整个系统效率,ACO 采用了一些额外的能力来扩展,例如局部优化、预测、回溯、全局监控等。

8.2　基于蚁群优化算法的分类规则挖掘方法 ——ACO-Classifier

本章基于上述 ACO 算法的主要思想以及人工蚂蚁所具有的特性,在现有研究的基础之上,提出了一种改进的基于蚁群优化算法的分类规则挖掘方法 ——ACO-Classifier。其算法步骤如下:

算法 8.1　ACO-Classifier 算法描述

TrainingSet ＝｛所有训练样本｝;

DiscoveredRuleList ＝[];

while | TrainingSet | ＞ Max_uncovered_cases do

　　步进式调整参数 Min_cases_per_rule 的值;

　　for p ＝1 to No_ant_populations do

　　　　j ＝1;

　　　　信息素初始化;

　　　　for i ＝1 to No_ant_in_each_populations do

　　　　构造规则 R_i;

　　　　规则 R_i 剪枝;

　　　　采用 MMAS 信息素更新策略更新信息素;

　　　　if (R_i ＝＝R_{i-1})

　　　　　　j ++;

　　　　　　if (j ＜ No_rules_converg) break;

　　　　　　else j ＝1;

　　　　end

　　end

选择最佳规则 R_{best}，加入到 DiscoveredRuleList；

TrainingSet = TrainingSet − { R_{best} 所覆盖的样本集}；

end

8.2.1　算法概述

上述算法基本框架基于 Ant-Miner 算法，将数据集中的每一个属性 - 值对作为一项，算法中的每只蚂蚁在由这些项所构成的空间中进行搜索，发现分类规则，具体过程描述如下。

算法中每次最外层循环（while 循环）发现一条规则，加入到发现规则列表，并去除训练集中被该规则覆盖的案例，直到未覆盖案例少于阈值 Max_uncovered_cases。每次最内层循环（for 循环）由三步组成：规则构造，规则剪枝，信息素更新。

（1）规则构造：一只蚂蚁根据项选择概率一次向规则中添加一项，直到再加入一项会使该规则覆盖的案例小于阈值 Min_cases_per_rule，或者所有的项都被该蚂蚁使用过，注意每个属性亦只能出现一次。其中的项选择概率由启发式函数和信息素量决定，计算公式在下面介绍。

（2）规则剪枝：依次去除规则中的每一项，检验其对规则质量的改变，去掉改善最大的项。迭代这一过程，直到规则中只剩一项或者无法通过去除某一项来改善规则质量。

（3）信息素更新：更新每条路径上的信息素量，根据规则的质量增加有蚂蚁走过的路径中的信息素量，减少其他路径上的信息素量（模拟信息素的挥发）。

每一次最内层循环对应一只蚂蚁的行动。一只蚂蚁完成一次循环之后，另一只蚂蚁开始行动，直到所有的蚂蚁都完成行动，或者达到算法收敛条件，即当前蚂蚁构造的规则与前（No_rules_converg − 1）只蚂蚁构造的规则完全相同。

所有的内层循环结束后，将所有蚂蚁构造规则中的最佳规则加入到已发现规则列表。然后开始下一次的外层循环。

在规则构造阶段所使用的项选择概率公式为

$$P_{ij} = \frac{\eta_{ij} \cdot \tau_{ij}(t)}{\sum\limits_{i=1}^{a} x_i \cdot \sum\limits_{j=1}^{b_i} (\eta_{ij} \cdot \tau_{ij}(t))} \tag{8.5}$$

其中使用信息熵的启发式函数为

$$\eta_{ij} = \frac{\log_2 k - H(W \mid A_i = V_{ij})}{\sum\limits_{i=1}^{a} x_i \cdot \sum\limits_{j=1}^{b_i} (\log_2 k - H(W \mid A_i = V_{ij}))} \tag{8.6}$$

其中 $H(W \mid A_i = V_{ij})$ 为项 term_{ij} 所对应的信息熵；k 为目标类的取值个数；x_i 当对应的 A_i 包含在规则中时取值为 1，否则为 0。

由于 Ant-Miner 算法在信息素更新策略，对初始项的依赖，离散化方法选择以及参数的设定等几方面还存在不足。针对上述问题,采用了改进的信息素更新策略;多种群并行策略,算法中参数的步进式调整,考虑误分类代价的离散化方法,下面分别进行阐述。

8.2.2 MAX-MIN 信息素更新策略

在 Ant-Miner 算法中,所有蚂蚁产生的规则都参与信息素更新,但由于所产生的规则质量差别很大,质量较高的规则中的项的信息素增加较快,造成了收敛过快。而在 MAX-MIN 蚁群系统中,采用设定信息素取值空间的方法来保持搜索的广度,避免过早收敛[39]。因此本章采用改进的 MAX-MIN 蚁群系统信息素更新策略,使未使用项以及质量较低的规则中的项的信息素量不至于衰减过快。

在每一次外层循环开始时,所有的路径用相同的信息素量初始化。初始信息素量定义为

$$\tau_{ij}(0) = \frac{1}{\sum_{i=1}^{a} b_i} \tag{8.7}$$

信息素的更新基于以下两方面原则:① 对于出现在当前蚂蚁发现的规则中的每一项 term_{ij},其对应的信息素的增加与规则的质量成正比,如果增加后的信息素量超过 $\tau_{\max}$,则取值为 $\tau_{\max}$;② 未出现在规则中的项 term_{ij},采用挥发系数使其对应的信息素量减少,模拟真实蚁群中的信息素挥发,如果更新后的信息素量少于 $\tau_{\min}$,则取值为 $\tau_{\min}$。

其中规则的质量 Q 定义为

$$Q = \frac{\text{TP}}{\text{TP} + \text{FN}} \cdot \frac{\text{TN}}{\text{FP} + \text{TN}} \tag{8.8}$$

则对应 term_{ij} 的信息素更新用如下规则表示:

$$\tau_{ij}(t+1) = \begin{cases} \min\{(1-\rho) \cdot \tau_{ij}(t) + \tau_{ij}(t) \cdot Q, \tau_{\max},\} & \text{term}_{ij} \in R_i \\ \max\{(1-\rho) \cdot \tau_{ij}(t), \tau_{\min}\}, & \text{term}_{ij} \notin R_i \end{cases} \tag{8.9}$$

其中信息素量的下限定义为

$$\tau_{\min} = \rho \cdot \tau_{ij}(0) \tag{8.10}$$

信息素量的上限定义为

$$\tau_{\max} = \frac{1}{\rho} \cdot \tau_{ij}(0) \tag{8.11}$$

8.2.3 多种群并行策略

Ant-Miner 算法在信息素更新策略中虽然引入了规则质量和启发式函数的概念,但由于蚂蚁在开始构造规则时是随机选择初始项的,仍不能避免对初始项的依赖。因此在 ACO-Classifier 算法中,将蚂蚁分为多个种群,各个种群并行运行,以避免算法开始时对项的随机选择造成的对初始项的依赖。每个种群中含有相同数量的蚂蚁,

并行地在当前训练集中搜索规则，每个种群拥有各自的信息素表和规则列表。最后对多个种群所得到的规则，根据规则质量统一排序，从中选择最优的规则加入到最终的规则列表中。在各种群中的蚂蚁数量一定的情况下，蚂蚁的种群数越多，对随机选择的初始项的依赖就越小，但计算成本就越大，因此可以根据具体应用中的样本数量对种群数进行调整。

8.2.4 参数的步进式调整

Ant-Miner 算法中的 Min_cases_per_rule 参数采用恒定值，这使得算法在收敛速度和有效发现支持度较小的规则之间形成矛盾。如果参数值设置较大，则收敛速度较快，但不利于发现支持度较小的规则；反之，如果参数值设置较小，可以较好地发现支持度较小的规则，但收敛较慢。在 ACO-Classifier 算法中，将规则最少覆盖样本数 Min_cases_per_rule 设为变化值：在算法运行初期，设置为较大值（例如训练集中样本总数的 1/10），在后期设为较小值（例如训练集中样本总数的 1/100）。一方面，运行初期的 Min_cases_per_rule 设为较大值，可以减少搜索计算的次数，提高运行效率，同时保证搜索得到的规则的质量；另一方面，在运行后期，在实际应用的要求允许范围内，适当减小 Min_cases_per_rule 的值，可以使训练集中的样本能够更有效地被覆盖，从而更为有效地发现支持度较小的规则。

8.2.5 离散化方法的选择

Ant-Miner 算法中采用的是离散化的决策树算法 C4.5-Disc 方法对连续变量进行离散化，并没有考虑到对不同类别的误分类代价。由于在实际应用中，类别属性往往有多个类别值，而对不同类别的错误划分，其代价是有差别的。例如，在垃圾邮件分类过滤过程中，将正常邮件误分类为垃圾邮件，其代价要高于将垃圾邮件误分类为正常邮件；在客户忠诚度分析中，由于获取新客户的成本要远远高于维持已有客户的成本，因此将低忠诚度客户误分类为高忠诚度客户，从而造成客户流失，其代价高于将高忠诚度客户误分类为低忠诚度客户而带来的客户维持成本。因此对不同类别的误分类，其代价是不同的。本章采用了文献[40]中所提出的基于代价的离散化方法。该方法引入误分类代价的概念，根据具体应用，给类别属性的不同类别赋予不同的权重，将离散化问题描述为整数规划问题进行求解，使离散化的结果更符合实际情况。

8.3 实验验证

本章选用 UCI 数据库中的六个数据集，应用自主开发的基于群体智能的数据挖掘系统 SIMiner（见附录），采用十重验证法（ten-fold cross-validation）对 ACO-Classifier 算法性能进行仿真验证。在本章所进行的实验中，用到的是 SIMiner 中的数据预处理模块和分类分析模块，其中分类分析模块实现了 ACO-Classifier 和

Ant-Miner 算法。首先在数据预处理模块中,对数据进行填充空缺值,连续值属性离散化以及生成十重验证子数据集等处理。然后在分类分析模块中采用相应算法对准备好的数据集进行分析。实验所用数据集的主要概况在表 8.1 中列出。

表 8.1 实验所用数据集概况

数据集名称	样本数 / 个	离散值属性数 / 个	连续值属性数 / 个	类别数 / 个
Ljubljana breast cancer	282	9	—	2
Wisconsin breast cancer	683	—	9	2
Tic-tac-toe	958	9	—	2
dermatology	366	33	1	6
hepatitis	155	13	6	2
Cleveland heart disease	303	8	5	5

8.3.1 与 Ant-Miner 算法及 CN2 算法的比较

通过实验对 ACO-Classifier 算法的性能进行了仿真验证,并与 Ant-Miner 算法和 CN2 算法进行了比较。实验中参数初始值设置如下:

(1) No_ant_populations = 3;

(2) No_ant_in_each_populationsp = 3000;

(3) Max_uncovered_cases = | TrainingSet | / 30;

(4) Min_cases_per_rule = | TrainingSet | / 20;

(5) No_rules_converg = 10;

(6) $\rho = 0.05$。

其中 | TrainingSet | 是最初的训练集里样本个数,而不是当前训练集的样本个数。预测准确度结果比较在表 8.2 中给出。

表 8.2 三种算法预测准确度比较

数据集	预测准确度 / %		
	ACO-Classifier	Ant-Miner	CN2
Ljubljana breast cancer	92.52 ± 1.13	75.28 ± 2.24	67.69 ± 3.59
Wisconsin breast cancer	97.34 ± 0.79	96.04 ± 0.93	94.88 ± 0.88
Tic-tac-toe	81.29 ± 0.84	73.04 ± 2.53	97.38 ± 0.52
dermatology	94.16 ± 0.65	94.29 ± 1.20	90.38 ± 1.66
hepatitis	92.40 ± 0.86	90.00 ± 3.11	90.00 ± 2.50
Cleveland heart disease	65.64 ± 0.52	59.67 ± 2.50	57.48 ± 1.78

从表 8.2 中可以看出 ACO-Classifier 算法在四个数据集中得到的预测准确度最高，而在另两个数据集中预测准确度为次优。这些结果表明，ACO-Classifier 算法在预测准确度及稳定性方面优于 Ant-Miner 和 CN2 算法。

表 8.3 是三个算法在规则简洁度方面的比较，其中，规则简洁度用所发现规则中，条件平均个数来表示。从结果中可以发现在所有的六个数据集中，ACO-Classifier 算法得到的规则的简洁性明显优于 CN2 算法，同时与 Ant-Miner 算法具有可比性。

表 8.3　三种算法规则简洁度比较

数据集	规则简洁度 / 个		
	ACO-Classifier	Ant-Miner	CN2
Ljubljana breast cancer	7.50 ± 0.38	7.10 ± 0.31	55.40 ± 2.07
Wisconsin breast cancer	4.80 ± 0.27	6.20 ± 0.25	18.60 ± 0.45
Tic-tac-toe	8.10 ± 0.42	8.50 ± 0.62	39.70 ± 2.52
dermatology	6.80 ± 0.13	7.30 ± 0.15	18.50 ± 0.47
hepatitis	3.40 ± 0.15	3.40 ± 0.16	7.20 ± 0.25
Cleveland heart disease	8.60 ± 0.53	9.50 ± 0.92	42.40 ± 0.71

8.3.2　多种群并行策略对算法性能的影响

本章通过设定不同的 No_ant_populations 值，实验分析了多种群并行策略对算法性能的影响。在其他参数保持不变的前提下，分别将 No_ant_populations 值设为 3，10 和 15，运行 ACO-Classifier 算法。运行结果如表 8.4 所示。

表 8.4　种群数量对预测准确度的影响

数据集	预测准确度 /%		
	No_ant_populations = 3	No_ant_populations = 10	No_ant_populations = 15
Ljubljana breast cancer	92.52 ± 1.13	92.73 ± 0.88	92.79 ± 1.04
Wisconsin breast cancer	97.34 ± 0.79	97.68 ± 1.23	97.82 ± 0.65
Tic-tac-toe	81.29 ± 0.84	82.31 ± 1.41	82.17 ± 1.63
dermatology	94.16 ± 0.65	94.42 ± 0.72	94.51 ± 0.67
hepatitis	92.40 ± 0.86	92.39 ± 0.91	92.46 ± 1.43
Cleveland heart disease	65.64 ± 0.52	65.86 ± 0.64	65.90 ± 0.71

从表 8.4 中可看出，ACO-Classifier 算法的预测准确度随着 No_ant_populations 的值的增加而有所提高，但是当 No_ant_populations 的值增加到一定程度之后，算法结果的改善效果将趋于减弱，同时算法的计算成本随着种群数量的增加而成正比例

增加,因此在实际应用中需要根据具体情况选择合适的种群数量。

8.3.3　参数的步进式调整对算法性能的影响

调整 Min_cases_per_rule 的值能使算法更有效地发现分类规则。我们通过比较采用可调整参数和固定参数两种情况下的实验结果来进行验证。实验结果如表 8.5 所示。

从表 8.5 中可以发现,当采用可调整参数时,只有一个数据集的预测准确度略有下降,其余五个数据集的预测准确度均有所提高。在规则简洁度方面,采用可调整参数所获得的规则简洁度在六个数据集中都比采用固定参数所获得的略高,但具有可比性。

表 8.5　参数的步进式调整结果比较

数据集	预测准确度 / %		规则简洁度 / 个	
	固定参数	可调整参数	固定参数	可调整参数
Ljubljana breast cancer	91.31 ± 1.26	92.52 ± 1.13	6.60 ± 0.46	7.50 ± 0.38
Wisconsin breast cancer	96.73 ± 1.56	97.34 ± 0.79	4.50 ± 0.21	4.80 ± 0.27
Tic-tac-toe	82.63 ± 1.48	81.29 ± 0.84	8.00 ± 0.53	8.10 ± 0.42
dermatology	93.15 ± 0.97	94.16 ± 0.65	6.50 ± 0.34	6.80 ± 0.13
hepatitis	91.20 ± 1.73	92.40 ± 0.86	3.20 ± 0.23	3.40 ± 0.15
Cleveland heart disease	58.72 ± 0.88	65.64 ± 0.52	8.20 ± 0.67	8.60 ± 0.53

8.4.4　算法复杂度分析

根据文献[15]中的研究结果,Ant-Miner 算法的计算复杂度为

$$O(r \cdot z \cdot [k \cdot a + k^3 \cdot n] + a \cdot n) \tag{8.12}$$

其中,r 是发现规则的数量,z 是蚂蚁的数量,k 是规则条件部分中的项数,a 是属性个数,n 是样本个数。在 ACO-Classifier 算法中,蚁群被划分为几个种群,蚂蚁数量应表示为

$$z = \sum_{p=1}^{u} m_p \tag{8.13}$$

其中,m_p 是第 p 个种群中蚂蚁的数量,u 是种群个数。则 ACO-Classifier 算法的计算复杂度表示为

$$O\left(r \cdot \sum_{p=1}^{u} m_p \cdot [k \cdot a + k^3 \cdot n] + a \cdot n\right) \tag{8.14}$$

从上式中我们可以看出,当 u 的取值不大时,ACO-Classifier 算法的计算复杂度与 Ant-Miner 算法相当。

8.4 本章小结

本章提出了一种基于蚁群优化算法的分类规则发现算法——ACO-Classifier。在 ACO-Classifier 算法中,采用了改进的 MAX-MIN 蚁群系统信息素更新策略,引入了多种群并行运算策略,采用了考虑误分类代价的离散化方法,并对算法中的参数进行步进式调整。通过这些改进,算法性能得以改善。本章还使用本书作者自行开发的基于群体智能的数据挖掘软件系统——SIMiner,对 ACO-Classifier 算法性能进行了仿真验证。实验所采用的六个数据集来自于 UCI 基准数据集。实验结果表明本章提出的算法在预测准确度和规则简洁度方面具有更好的性能。

习 题

1. ACO-Classifier 算法步骤是什么?
2. 在 ACO-Classifier 算法中为什么采用多种群并行策略?
3. 在 ACO-Classifier 算法中,参数步进式调整有何作用?
4. 你还知道哪些蚁群算法中的信息素更新策略?试列举出来。

第9章

基于群体智能的聚类分析

聚类分析是一种无指导学习方法,其目的是将一组数据对象按照其内在特征划分为若干类(簇),使得同一簇内对象的相似性尽可能大,而不同簇间对象的相似性尽可能小。聚类分析方法可分为五类:划分方法,层次方法,基于密度的方法,基于网格的方法,基于模型的方法。还有一些方法集成了其中的几种思想。但目前每一种方法都有其局限性。例如一种常用的划分方法——k-means算法,依赖于对初始数据对象的选择,如果随机选择的初始对象不当,可能使算法陷入局部最优,且该算法必须事先指定聚类数。

基于蚁堆形成原理的聚类分析方法是一种接近于基于网格和密度的聚类方法,不必预先指定簇的个数,并对数据进行了降维,将多维数据放到二维空间中,可以构造任意形状的簇,同时由于只需要计算与蚂蚁临近数据对象间的相似性,而不需要遍历所有数据对象,因此大大减少了计算量。本章对基于蚁堆形成原理的聚类分析方法进行了阐述和研究,改进了现有的算法,提出了Ant-Cluster算法。在该算法中引入具有不同运动速度的多蚂蚁种群,并对孤立点数据对象进行了处理,以获得更好的算法性能和聚类结果。

9.1 蚁堆聚类原理

一些学者通过对蚂蚁群体的巢穴组织以及群体分类行为的研究,总结出了蚁堆聚类原理。克雷蒂安(Chretien)用黑毛蚁(lasius niger)做了大量研究蚁巢组织的实验。工蚁能在几小时内将大小不同的尸体聚成几类。这种聚集现象的基本机制是工蚁搬动不同对象之间的吸引度:小的对象聚集中心通过吸引工蚁存放更多的同类对象而变大。这个正反馈导致形成更大的聚类中心。在这种情况下,环境中聚类中心的分布起到了非直接通信的作用。Deneubourg等人也用意大利大头蚁做了类似实验[41]。实验证实,某些种类的蚁群的确能够组织蚁穴中的墓地,也就是将分散在蚁穴各处的蚂蚁尸体垒堆起来。另外,通过观察还发现,蚁群在安排不同蚁卵的位置时,按照蚁卵大小不同而分别堆放在蚁穴周边和中央的位置。

Deneubourg等人提出了一种解释蚁群聚类现象的基本模型(BM),并模拟实现了蚁群的聚类过程。这个基本模型认为单独的对象将被拾起并放到其他有更多这种类型对象的地方。假设环境中只有一种类型的对象,则一个当前没有负载对象的随机移动的蚂蚁拾起一个对象的概率为

$$p_p = \left(\frac{k_1}{k_1 + f}\right)^2$$

(9.1)

其中，f 是在蚂蚁附近对象观察分数（perceived fraction），反映蚂蚁附近同类对象的个数。k_1 是阈值常数。若 $f \ll k_1$，p_p 接近 1，即当周围没有多少对象时，拾起一个对象的概率很大；若 $k_1 \ll f$，p_p 接近 0，即在一个稠密的聚类中，一个对象被移动的概率很小。一个随机移动的有负载的蚂蚁放下一个对象的概率为

$$p_d = \left(\frac{f}{k_2 + f} \right)^2 \tag{9.2}$$

其中 k_2 是另一个阈值常数。若 $f \ll k_2$，p_d 接近 1；若 $k_2 \ll f$，p_p 接近 0。拾起和放下行为大致遵守相反的规则。

为了跟踪聚类的动态过程，Gutowitz 提出了采用空间熵的方法。空间熵用于度量对象聚集的效果。设 s-patches 为一个空间区域（例如 $s=8$ 表示一个 8×8 的区域），空间熵定义为

$$E_s = \sum_{l \in \{s\text{-patches}\}} P_l \lg P_l \tag{9.3}$$

其中，P_l 是在 s-patches 区域 l 内对象个数与总对象个数的比值。E_s 随着聚类过程而减小。

Lumer 和 Faieta 将基本模型推广应用到数据分析[63]。其主导思想是定义一个在对象属性空间里的对象之间的"不相似度"d（或者成为距离）。例如在基本模型中，两个对象 o_i 和 o_j 不是相似就是不同，所以可以定义一个二进制矩阵，如果 o_i 和 o_j 是相同的对象，$d(o_i, o_j)=0$；如果 o_i 和 o_j 是不同的对象，$d(o_i, o_j)=1$。相同的思想可以扩展到有更多复杂对象的情况，即对象有更多的属性，或者更复杂的距离。n 维对象可以认为是 R^n 空间的点，$d(O_i, O_j)$ 表示对象间的距离。Lumer 和 Faieta 的 LF 算法将属性空间投影到一些低维空间，如二维空间，并且使得聚类具有簇内距离小于簇间距离的特性。

LF 算法沿用了基本模型，相似度函数如式（9.4）所示。其中 $f(o_i)$ 是对象 o_i 与出现在它邻近范围内的其它对象 o_j 的平均相似度；$d(o_i, o_j)$ 为两对象的距离；参数 α 定义了距离的规模；f 为蚂蚁附近区域内其他对象的个数；$\text{Neigh}_{s \times s}(r)$ 表示以 r 为中心、s 为边长的正方形区域。拾起概率 p_p 和放下概率 p_d 计算公式分别为公式（9.5）和（9.6）。

$$f(o_i) = \begin{cases} \dfrac{1}{s^2} \sum_{o_j \in \text{Neigh}_{s \times s}(r)} \left[1 - \dfrac{d(o_i, o_j)}{\alpha} \right], & f > 0 \\ 0, & f = 0 \end{cases} \tag{9.4}$$

$$p_p(o_i) = \left(\frac{k_1}{k_1 + f(o_i)} \right)^2 \tag{9.5}$$

$$p_d = \begin{cases} 2f(o_i), & \text{if } f(o_i) < k_2, \\ 1, & \text{if } f(o_i) \geqslant k_2 \end{cases} \tag{9.6}$$

为了改进原有模型的性能，他们在系统上增加了三个特性：① 蚂蚁具有不同的移动速度，设定蚂蚁的速度 v 均匀分布在 $[1, v_{\max}]$ 之间，这个速度 v 通过修正相似度函

数 $f(o_i)$ 影响蚂蚁是拾起一个对象还是放下一个对象;② 蚂蚁具有一个短时间的记忆;③ 行为转换,如果在一个设定的时间步长内在上面没有进行任何拾起或者放下行动,蚂蚁能够消除这些聚类中心。这些特性在减少相同的聚类中心,避免局部非优化结构等方面改进了原模型。

本章所用到的参数和符号说明如下。

α:群体相似度系数。

r:每只蚂蚁的观察半径。

N:最大循环次数。

size:二维网格的大小。

p:每个种群中的蚂蚁数量。

m_p:种群的序号,$p = 1, 2, 3$。

p_p:拾起概率。

p_d:放下概率。

p_r:随机数,用于概率比较,$p_r \in (0, 1]$。

k_1, k_2:分别用于计算 p_p 和 p_d 的阈值常数。

ant_i:第 i 只蚂蚁。

o_i:第 i 个数据对象。

o_j:第 j 个数据对象。

$f(o_i)$:数据对象 o_i 与观察半径 r 内的其他数据对象 o_j 的平均相似度。

loaded,unloaded:蚂蚁的状态,如果蚂蚁负载着一个数据对象,则其状态为 loaded,否则其状态为 unloaded。

v_{high}:高速度种群中的蚂蚁的速度。

v_{low}:低速度种群中的蚂蚁的速度。

v_{MAX}:变速度种群中的蚂蚁的最大速度。

l:蚂蚁负载同一个数据对象连续移动的最多步数阈值。

9.2 Ant-Cluster 算法

本章在现有研究的基础上提出了基于蚁堆聚类的 Ant-Cluster 算法,其高级语言描述如下。

算法 9.1 Ant-Cluster 算法描述

初始化阶段:初始化参数($\alpha, r, N, \text{size}, m_p, v_{\text{high}}, v_{\text{low}}, v_{\text{MAX}}$ 以及 l)。将数据对象随机放置到一个二维网格上,即为每一个数据对象分配一个坐标值(x, y)。将运动速度不同的三个蚂蚁种群随机放置到该二维网格上。初始化每只蚂蚁的状态为 unloaded。

while (cycle_time $<= N$)

以特定步长调整 α 的值；

for ($p=1$; $p<=3$; $p++$)

  for ($i=1$; $i<=m_p$; $i++$)

    if（ant_i 遇到了一个数据对象）

      if（ant_i 的状态为 unloaded）

        计算 ant_i 遇到的数据对象与观察半径 r 内邻近区域数据对象的群体相似度，计算拾起概率 p_p，将 p_p 与随机数 p_r 进行比较，如果 $p_p > p_r$，ant_i 拾起该数据对象，ant_i 的状态改变为 loaded；

      else

      if（ant_i 的状态为 loaded）

        如果 ant_i 负载同一数据对象移动步数已经达到 l 次，则该数据对象被放下，ant_i 的状态改变为 unloaded。否则，计算 ant_i 所负载的数据对象与观察半径 r 内邻近区域数据对象的群体相似度，计算放下概率 p_d，将 p_d 与随机数 p_r 进行比较，如果 $p_d > p_r$，ant_i 放下该数据对象，ant_i 的状态改变为 unloaded。

    end

    end

end

算法的问题分析图（Problem Analysis Diagram，PAD）如图 9.1 所示。

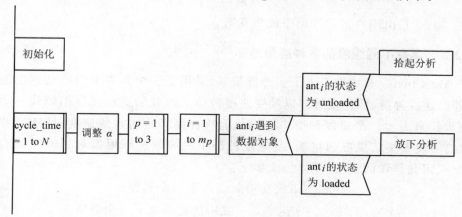

图 9.1　Ant-Cluster 算法 PAD

9.2.1　Ant-Cluster 算法描述

在算法的初始化阶段，所有参数由用户进行赋值，包括 α，r，N，size，m_p，v_{high}，v_{low}，v_{max} 和 l。数据对象和三个运动速度不同的蚂蚁种群被随机地放置到一个二维网格平台上。每个网格里至多有一个数据对象和（或）一只蚂蚁。每只蚂蚁开始时并不负载数据对象，因此 ant_i 初始状态设置为 unloaded。

在算法的每一次外层循环,即 while 循环中,所有蚂蚁在二维网格平台上移动一次。每一次内层循环对应一只蚂蚁的行为,每只蚂蚁根据其所在的种群,以某一速度在二维网格上随机地向某个方向一次移动一步。如果蚂蚁移动一步后,在到达的网格上有一个数据对象,且此时蚂蚁的状态标识为 unloaded,则计算群体相似度[式(9.7)]及拾起概率[式(9.8)]以决定是否拾起该数据对象。如果蚂蚁移动一步后,在到达的网格上没有数据对象,且此时蚂蚁的状态标识为 loaded,即蚂蚁有负载,则首先将蚂蚁负载该数据对象连续移动的步数与阈值 l 进行比较,如果移动步数已达到 l 次,该数据对象将被放下,且蚂蚁的状态改变为 unloaded,否则计算群体相似度[式(9.7)]及放下概率[式(9.9)]以决定是否放下该数据对象。

群体相似度计算公式如下:

$$f(o_i) = \frac{1}{s} \sum_{o_j \in \text{Neigh}(r)} \left[1 - \frac{d(o_i, o_j)}{\alpha} \right] \tag{9.7}$$

其中 $f(o_i)$ 为数据对象 o_i 与观察半径 r 内的其他数据对象 o_j 的平均相似度;α 为群体相似度系数;s 是邻近数据对象 o_j 的个数;$d(o_i, o_j)$ 是数据对象 o_i 和 o_j 在多维属性空间中的距离,用欧几里得距离(Euclidean distance)来表示。

群体相似度通过下面的两个公式转化为拾起概率 p_p 和放下概率 p_d:

$$p_p(o_i) = \left(\frac{k_1}{k_1 + f(o_i)} \right)^2 \tag{9.8}$$

$$p_d(o_i) = \left(\frac{k_2}{k_2 + f(o_i)} \right)^2 \tag{9.9}$$

其中,k_1 和 k_2 是由用户指定的两个阈值常数。

9.2.2 具有不同速度的多种群策略

在 Ant-Cluster 算法中引入了多种群策略,采用了三个具有不同运动速度的蚂蚁种群,即高速度种群、低速度种群以及变速度种群。蚂蚁的运动速度用蚂蚁移动一次所走的步长来表示。高速度种群中的蚂蚁能够提高算法的收敛速度,低速度种群中的蚂蚁能够使聚类结果更加精确,变速度种群中的蚂蚁能够根据对邻近区域的探测结果,来决定其移动的速度,具体公式如下:

$$v = \begin{cases} p_x \cdot v_{\text{MAX}}, & \text{成功拾起或放下一个对象} \\ (1 - p_x) \cdot v_{\text{MAX}}, & \text{未成功拾起或放下一个对象} \\ p_r \cdot v_{\text{MAX}}, & \text{其他} \end{cases} \tag{9.10}$$

其中,p_x 是拾起概率 p_p 或者放下概率 p_d;p_r 是一个随机数,$p_r \in (0, 1]$;v_{MAX} 是由用户指定的变速度种群中蚂蚁移动的最大速度。通过如上公式的计算,蚂蚁以一个在区间 $(0, v_{\text{MAX}}]$ 的速度运动,增加了算法的灵活性。

9.2.3 孤立点处理

在数据集中往往包含一些特殊的数据对象,例如数据噪声、异常样本或者不一致的数据对象等,这些特殊对象被称为孤立点。孤立点由于与其他正常数据对象存在较大差异,因此会对聚类过程产生影响。在基于蚁堆原理的聚类过程中,孤立点一旦被某一只蚂蚁拾起并负载,由于与其他数据相似性很小,因此很难被放下,该蚂蚁就被孤立点所占据,而无法参与有效的算法循环,这种情况被称为蚂蚁的锁定。随着被锁定蚂蚁的增加,算法收敛速度将会急剧下降,从而影响最终的聚类效果。为了解决这一问题,在 Ant-Cluster 算法中采取了强制解锁孤立点的处理策略:如果蚂蚁负载某一数据对象连续移动步数已经达到 l 次,则蚂蚁将在最近一次移动到没有数据对象的网格时将其放下。阈值 l 可由用户根据具体数据集或算法试运行效果来指定。

9.3 实验验证

本章选用某电信企业客户数据集进行实验,以验证 Ant-Cluster 算法的性能。实验平台采用了基于 Agent 的建模仿真平台——Swarm,并将该平台集成到了自主开发的基于群体智能的数据挖掘系统 SIMiner 中,实现了 Ant-Cluster 算法的仿真实验。下面分别对实验平台与实验结果进行介绍和阐述。

9.3.1 实验平台——Swarm 平台

从 1994 年开始,桑塔费研究所(Santa Fe Institute, SFI)开发了 Swarm 软件工具集,用来帮助科学家们分析复杂适应系统。1995 年 SFI 发布了 Swarm 的 beta 版。Swarm 最初只能在 UNIX 操作系统和 3.X Windows 环境下运行。1998 年 4 月,推出了可以在 Windows 95/98/NT 上运行的版本。1999 年,Swarm 又提供了对 Java 的支持,从而使 Swarm 越来越有利于非计算机专业的人士使用。

Swarm 的建模思想就是让一系列独立的 Agent 通过独立事件进行交互,帮助研究由多个体组成的复杂适应系统的行为。Swarm 平台提供了相应的类库,以支持模拟实验的分析、显示和控制,即用户可以使用 Swarm 提供的类库构建模拟系统,使系统中的主体和元素通过离散事件进行交互。由于 Swarm 没有对模型和模型要素之间的交互做任何约束,所以 Swarm 可以模拟任何物理系统、经济系统或社会系统。事实上在很多研究领域都有人在用 Swarm 编写程序,包括生物学、经济学、物理学、化学和生态学等。

Swarm 平台的整个思想是提供一个执行环境,在这个环境中,大量的对象能够"生活",并以一种分布式的并行方式互相作用。Swarm 建立一种机制,多个时间线程可以互相作用。Swarm 支持分级建模方法,具有递归结构。在嵌套中,个体可由其他个体的种群所组成。父 Swarm 可以由子 Swarm(sub swarm)组成。Swarm 提供了面向对象的可重用组件库,用来建模并进行分析,显示以及对实验进行控制。

Swarm 本身就是一个对象框架,其中定义了一些类库用于模拟工作。Swarm 中有七个核心类库:defobj,collection,random,tkobjc,activity,swarmobject 和 simtools。前四

个是支持库,有可能在 Swarm 之外用到,后三个是 Swarm 专有的。目前,Swarm 还为建模提供三个领域相关的类库:space,ga 和 neuro。大多数 Swarm 的模拟程序包括四类对象:模型种群(model swarm)、观察员种群(observer swarm)、模拟主体和环境[42]。

1. 模型种群

Swarm 就是许多个体(对象)组成的一个群体,这些个体共享一个行为时间表和内存池。显然"Swarm"有两个主要的组成部分:① 一系列对象(Object);② 这些对象的行为时间表(Action)。时间表就像一个索引,引导对象动作的顺序执行。

(1) 对象。模型种群中的每一项对应模型世界中的每一个对象(个体)。种群中的个体就像系统中的演员,是能够产生动作并影响自身和其他个体的一个实体。模型包括几组交互的个体。例如,在一个经济学模拟中,个体可能是公司、证券代理人、分红利者和中央银行。

(2) 时间表。除了对象的集合,模型种群还包括模型中行为的时间表。时间表是一个数据结构,定义了各个对象的独立事件发生的流程,即各事件的执行顺序。通过确定合理的时间调度机制,可以使用户在没有并行环境的状况下也能进行研究工作。也就是说,在并行系统下 Agent 之间复杂的消息传送机制在该种群中通过行为表的方式可以在单机环境下实现。例如,在狼与兔子这个模拟系统中可能有三种行为:"兔子吃胡萝卜""兔子躲避狼的追踪"和"狼吃兔子"。每种行为是一个独立的动作。在时间表中,对这三种行为按照以下顺序排序:每天,兔子先吃胡萝卜,然后它们躲避狼的追踪;最后狼试图吃兔子。模型按照这种安排好的事件的执行顺序向前发展,并尽量使这些事件看起来像同步发生的。

(3) 输入和输出。模型种群还包括一系列输入和输出。输入是模型参数,如世界的大小,主体的个数等环境参数。输出是可观察的模型的运行结果,如个体的行为等等。

2. 观察员种群

模型种群只是定义了被模拟的世界。但是一个实验不应只包括实验对象,还应包括用来观察和测量的实验仪器。在 Swarm 平台上,这些观察对象放在一个叫观察员种群的群体中。

观察员种群中最重要的组件是模型种群。它就像实验室中一个培养皿中的世界,是被观测的对象。观察员种群中的对象可以向模型种群输入数据(通过设置模拟参数),也可以从模型种群中读取数据(通过收集个体行为的统计数据)。

与模型种群的设置相同,一个观察员种群也由对象(即实验仪器)、行为的时间表,以及一系列输入和输出组成。观察员行为的时间表主要是为了驱动数据收集,即从模型中将数据读出,并画出图表。观察员种群的输入是对观察工具的配置,例如生成哪类图表,输出是观察结果。

在图形模式下运行时,观察员种群中的大部分对象被用来调节用户界面。这些对象可能是平面网格图、折线图或探测器,它们一方面与模型种群相连以读取数据,同时把数据输出到图形界面,为用户提供了很好的实验观察方式。

实验结果的图形化有助于直觉的判断,但重要的实验都需要收集统计结果。这意味着要做更多的工作并存储用于分析的数据。作为图形观察员种群的另一种选择,你可以建立批处理 swarm(batch swarm)。它和用户之间没有交互操作。它从文件中读取控制模型的数据并将生成的结果写入另一个文件中用于分析。对于图形观察员种群来说,无论是否选择建立批处理种群的方式,其工作内容的实质不变,只是观察方式不同罢了。

3. 模拟主体

种群不仅是一个包含其他对象的容器,还可以是一个不包含其他对象的主体本身。这是最简单的种群情形,它包括一系列规则、刺激和反应。而一个主体自身也可以作为一个种群:一个对象的集合和动作的时间表。在这种情况下,一个主体种群的行为可以由它包含的其他个体的表现来定义。层次模型就是这样由多个种群嵌套构成的。例如,你可以为一个居住着单细胞动物的池塘建立模型。在最高层,生成包括个体的 swarm:swarm 代表池塘,而每个个体代表池塘里的一个动物。动物的细胞也可以看作是由多个个体(细胞质)组成的种群。这时需要连接两个模型,池塘作为一个由细胞组成的种群,细胞也作为一个可分解的种群。

由于种群还可以在模拟运行过程中建立和释放,故 Swarm 平台可用来建立描述多层次的动态出现的模型。

通过建造模型种群和观察员种群,将模型和数据收集分离开,一个完整的实验仪器就建立起来了。就像一个玻璃下的模拟世界,不同的观察员种群可用来实现不同的数据收集和实现控制协议,但是模型本身没有发生变化。

4. 环境

在一些模型中,特别是在那些具有认知部件的个体模拟中,系统运动的一个重要因素在于一个主体对于自己所处环境的认识。Swarm 的一个特点就是不必设计一个特定类型的环境。环境自身就可以看作一个主体。通常情况下,主体的环境就是主体自身。

9.3.2 实验结果

实验所采用的数据集共包括 2669 条客户数据,实验中所用到的客户数据属性如表 9.1 所示。

表 9.1 客户数据属性

序号	变量名	变量描述
1	Regular_dur	常规期间的通话时间
2	Discount_dur	折扣期间的通话时间
3	Local_dur	本地通话时间
4	Domestic_dur	国内长途通话时间

续　表

序号	变量名	变量描述
5	Svc_sms	短消息服务的次数
6	Svc_type	收费服务的种类
7	Svc_time	收费服务的次数
8	Age	客户年龄
9	Gender	客户性别
10	Balance	客户账户余额
11	Arrearage_time	欠费次数
12	ARPU	客户月消费额
13	Churn	客户是否流失

Ant-Cluster 算法中的参数设置如下：群体相似度系数 $\alpha=12\sim14$，蚂蚁的观察半径 $r=10$，最大循环次数 $N=8000$，二维网格的大小 $size=160\times160$，每个种群中的蚂蚁数量 $m_p=100$，阈值常数 $k_1=0.1,k_2=0.15$，高速度种群中的蚂蚁速度 $v_{high}=5$，低速度种群中的蚂蚁速度 $v_{low}=1$，变速度种群中的蚂蚁最大速度 $v_{MAX}=20$，锁定蚂蚁的连续移动步数阈值 $l=50$。

算法的运行结果如图 9.2 所示。在图 9.2 中，每一个簇代表一个客户群。在同一簇中的客户具有某些相同或相似的特性，通过比较该簇中属性取值分布情况与整个数据集中该属性取值分布情况的差异，可以获取该簇中的客户所具有的特性。例如图 9.3 和图 9.4 说明了整个客户数据集与某客户群在长途通话时间属性取值分布情况

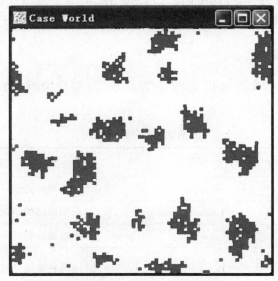

图 9.2　Ant-Cluster 算法聚类结果

上的差异,从图中可看出该客户群的长途通话时间较长。因此可以得到该客户群的特性之一是较长的长途通话时间,从而针对该特性制定和实施相应适当的市场营销策略。

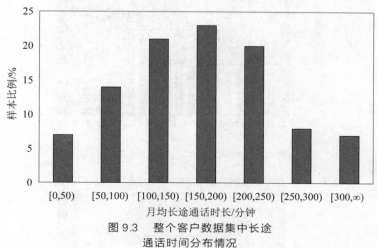

图 9.3　整个客户数据集中长途
通话时间分布情况

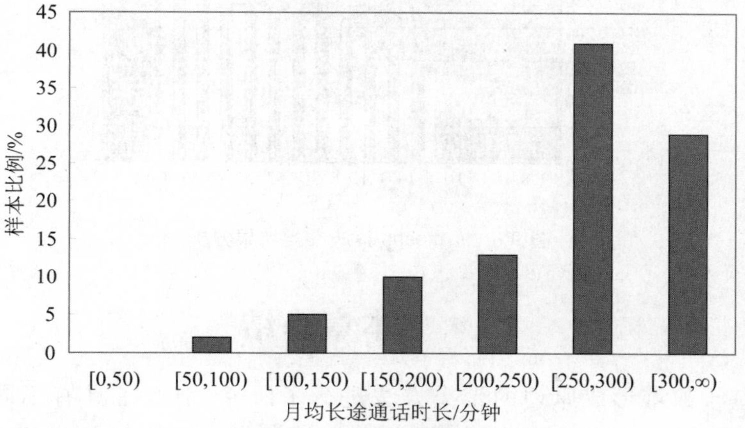

图 9.4　某客户群中长途通话
时间分布情况

图 9.5 显示的是 Ant-Cluster 算法所得到的每个客户群中国内长途通话时间的平均值。为了验证算法的性能,对实验数据集采用常用的划分聚类方法 k-means 算法进行了聚类分析,并与 Ant-Cluster 算法所得到的结果进行了比较。k-means 算法所得到的每个客户群中国内长途通话时间的平均值如图 9.6 所示,为了便于与 Ant-Cluster 算法的比较,其中 k 的取值为 19。

在图 9.5 中,Ant-Cluster 算法得到了六个长途通话时间超过 300 分钟的簇,即第 2、9、13、4、8 和 11 簇。而 k-means 算法只得到了两个长途通话时间超过 300 分钟的簇,即第 12、3 簇。通过对比,可以发现当聚类数量相同或相似时,Ant-Cluster 算法比 k-means 算法更能有效地发现具有显著特性的簇。

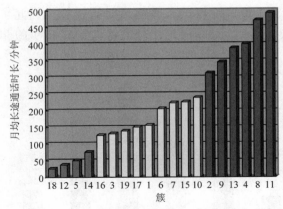

图 9.5　Ant-Cluster 算法聚类结果分析

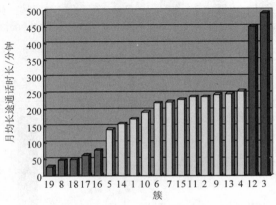

图 9.6　k-means 算法聚类结果分析

9.4　本章小结

本章对基于蚁堆形成原理的聚类方法进行了研究,引入了具有不同运动速度的多蚂蚁种群,采用设置最大移动步数的方法解决孤立点和蚂蚁锁定问题,提出了 Ant-Cluster 聚类算法,并通过集成在 SIMiner 系统中的 Swarm 平台对算法的性能进行了实验验证。结果表明,该算法无须事先指定聚类数即可有效地获得任意形状的聚类结果,并通过结果比较,说明该算法能获得比 k-means 算法更优的聚类结果。

习　题

1. 聚类分析与分类分析最主要的区别是什么?
2. Ant-Cluster 算法的步骤是什么?
3. 在 Ant-Cluster 算法中引入了多种群策略的作用是什么?
4. Ant-Cluster 算法是如何处理孤立点的?

第10章

基于群体智能的客户转移模式分析

随着电子商务等新型商业模式的发展,市场环境日益复杂,客户需求也在不断变化。在这种复杂多变的市场环境中,及时准确地掌握客户需求及其消费模式的变化趋势,以及变化产生的原因,企业才能制定出相应的市场营销策略,从而获得成功。例如,企业需要了解以下问题:对哪些客户群的销售额显著增长?哪些客户群所购买的产品发生了改变?客户消费模式如何变化?变化产生的原因是什么?等等。这些问题可以通过客户转移模式分析给出答案。

群体智能是受到群居昆虫群体和其他动物群体的集体行为的启发而产生的算法和解决方案。在群体智能中组成群体的是结构简单的独立个体,通过个体间及个体和环境间的简单交互,最终体现为群体行为。单一的一个客户数据与群体智能中的个体类似,本身结构简单,不能提供有效的客户模式,但多个近似的客户数据所体现出来的客户模式,则反映了该客户群的群体特征。而数据挖掘则能通过自动或半自动的方法和过程,在海量数据中发现隐含的、未知的和有潜在用途的知识和规则。因此,本章采用群体智能和数据挖掘相结合的方法来进行客户转移模式分析。

由于 IF-THEN 规则在客户模式的表示中应用很广泛,关联、分类、聚类等数据挖掘方法所得到的客户模式都可以用规则的形式进行描述,因此对规则变化进行分析和挖掘,具有普遍的意义。目前的研究只是关注规则结构的变化,并未发现规则覆盖样本的变化,这对于客户分析是不够的,客户分析需要知道在变化规则中客户的来源和去向。规则变化分析的难点在于:① 规则结构不同,不能直接比较;② 如何判断发生了何种变化,变化幅度多大以及发生变化的原因。本章将每个客户数据看作一个个体,用基于群体智能思想的客户转移模式分析方法在两个规则集中搜索和匹配规则,从而发现规则变化规律,以及相应的客户群的特征。这种方法不从规则结构的角度来发现规则变化,而是从客户转移的角度来挖掘规则变化,能够发现变化规则所对应的客户转移情况,有利于针对性地做出决策。本章在客户转移模式研究的基础上,针对汽车行业营销管理应用,构建了客户转移模式分析仿真平台。

10.1　客户转移模式的定义及相关研究

客户模式,即客户消费模式或客户行为模式,每种模式代表了某些客户的消费特征和行为特征。由于市场环境处于不断的变化之中,客户的需求和选择也在不断地改变,因此就产生了客户转移模式的概念。客户转移模式是指客户模式的改变及其变化规律。客户转移模式分析的任务,就是发现客户消费模式的改变,揭示其中的变化规律,得出变化产生的原因,用于辅助企业决策者做出正确的市场营销策略。

客户转移模式分析可以通过规则变化挖掘的方法来实现。现有的对不同数据集或规则集的动态或比较研究及其中存在的主要问题概括如下:

(1) 变化环境中的规则准确度维持:其中的规则并不变化,只能维持已有的知识。

(2) 浮动模式挖掘:只能发现规则支持度变化,而不能发现规则本身的结构变化。

(3) 通过规则主观兴趣度的变化发现意外规则:不能发现哪些方面发生了变化,发生了哪些类型的变化以及发生了多少变化。

(4) 时序数据挖掘:更多关注的是规律性变化。

(5) 分类规则比较:只能发现同结构规则的变化。

(6) 不同时刻数据集产生的决策树中的变化挖掘:并不能检测到变化的完全集,只能检测到指定顺序属性的变化,而且不提供任何关于变化程度的信息。

(7) 从规则结构变化的角度将规则变化模式分为浮动模式、意外模式、增加模式和消亡模式四种,但不能针对其中的样本进行研究。

本章针对上述研究中存在的问题,采用基于群体智能的客户转移模式分析方法,从客户转移的角度出发,对变化规则中的客户来源和去向、变化的程度以及产生的原因进行研究,从而辅助企业制定正确的市场策略。

本章所用到的变量和符号说明如下:

R_t:t 时刻客户模式集。

R_{t+k}:$t+k$ 时刻客户模式集。

r_{ti}:R_t 中的一个客户模式,$r_{ti} \in R_t$。

r_{t+kj}:R_{t+k} 中的一个客户模式,$r_{t+kj} \in R_{t+k}$。

$|M_{ti}|$:r_{ti} 条件部分的属性个数。

$|M_{t+kj}|$:r_{t+kj} 条件部分的属性个数。

$|N_{ti}|$:r_{ti} 结论部分的属性个数。

$|N_{t+kj}|$:r_{t+kj} 结论部分的属性个数。

A_{ij}:同时出现在 r_{ti} 和 r_{t+kj} 条件部分的属性集。

$|A_{ij}|$:A_{ij} 中的属性个数。

B_{ij}:同时出现在 r_{ti} 和 r_{t+kj} 结论部分的属性集。

$|B_{ij}|$:B_{ij} 中的属性个数。

X_{ijp}:二元变量,A_{ij} 中的第 p 个属性值相同时 $X_{ijp}=1$,否则 $X_{ijp}=0$,$p=1,2,\cdots,$ $|A_{ij}|$。

Y_{ijq}:二元变量,B_{ij} 中的第 q 个属性值相同时 $Y_{ijq}=1$,否则 $Y_{ijq}=0$,$q=1,2,$ $\cdots,|B_{ij}|$。

RulePair_{ij}:规则 i 和规则 j 所组成的规则对。

RulePairsSet：规则对所构成的候选项集合。

ListofRulePair$_{ij}$：项 RulePair$_{ij}$ 覆盖的客户列表。

Customer$_n$：客户 n。

c：客户数量。

a：规则对的数量。

ρ：信息素挥发系数。

10.2 基于群体智能的客户转移模式分析方法

10.2.1 客户转移模式分析流程

客户转移模式分析的任务是要通过发现客户模式改变的规律及原因，对市场营销活动的效果进行预测和评估，从而辅助企业制定正确的市场策略。根据分析的目的分为以下两种情况来考虑：一种是企业决策者根据市场的变化情况，制定了相应的市场策略，要预测客户在新的市场策略下的客户转移模式；另一种是根据分析客户在两个不同时期的客户转移模式，发现其中的规律和原因，从而制定新的相应的市场策略。在第一种情况下，要找到与当前策略相类似的以前实施过的策略，例如某产品要进行价格调整，就要找到之前实施过的类似的价格调整策略，分析客户在该策略实施前后的客户转移模式，这与第二种情况是类似的。因此客户转移模式分析的关键问题就是对两个（或多个）不同时期的客户数据进行分析，发现客户转移模式及其产生的原因。整个客户转移模式分析的流程如图 10.1 所示。首先应用分类分析、聚类分析等数据挖掘方法，分别对两个（或多个）不同时期的客户数据进行数据挖掘分析，从

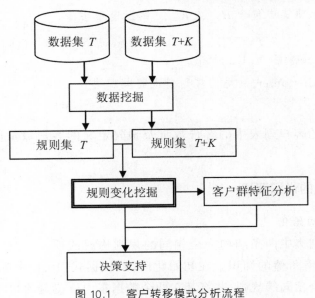

图 10.1　客户转移模式分析流程

结果中提取出客户模式,在此基础上使用基于群体智能的客户转移模式分析方法,从中发现各种类型的客户转移模式,最后分析其产生的原因,用于决策支持。其中的客户转移模式分析是通过规则变化挖掘方法来实现的。本章提出了基于群体智能的规则变化挖掘方法,下面对该方法进行详细阐述。

10.2.2 算法的高级语言描述

算法 10.1 基于群体智能的规则变化挖掘算法

$\text{RulePairsSet} = \{(r_{ti}, r_{t+kj}) \mid r_{ti} \in R_t, r_{t+kj} \in R_{t+k}\}$

for $(n = 1; n \leq c; n{+}{+})$ {

    RulePairsSet 初始化;

    for $(m = 1; m \leq a; m{+}{+})$ {

        根据信息素量和启发式函数选择 RulePair_{ij};

        if $($ $\text{Customer}_n \in \text{RulePair}_{ij}$ $)$ {

            添加 Customer_n 到 $\text{ListofRulePair}_{ij}$;

            更新信息素量;

            break;

        }

        else if $($ $\text{Customer}_n \in R_{ti}$ $)$

            在候选项集中只保留包含 R_{ti} 的项;

            else if $($ $\text{Customer}_n \in R_{t+kj}$ $)$

    在候选项集中只保留包含 R_{t+kj} 的项;

    else 将候选项集中包含 R_{ti} 或 R_{t+kj} 的所有项去除;

    }

    if $($ $\text{Customer}_n \notin \forall \text{RulePair}_{ij}$ $)$

        根据 Customer_n 满足的规则情况将其归类;

}

根据每个项的客户列表中的客户数量及预先定义的客户数量阈值,确定客户转移模式。

10.2.3 算法的详细阐述

1. 预处理和初始化

对于两个规则集中两条结构完全相同的规则构成的项,一定会有满足该项的客户,因此不能提供有价值的知识。在初始化阶段,根据式(10.1)中的条件判断出两个规则集中结构完全相同的规则,并将其在两个数据集中所覆盖的相同样本去除。

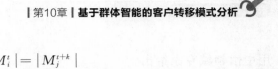

$$\begin{cases} |A_{ij}| = |M_i^t| = |M_j^{t+k}| \\ |B_{ij}| = |N_i^t| = |N_j^{t+k}| \\ \sum_p X_{ijp} \times \sum_q Y_{ijq} = 1 \end{cases} \tag{10.1}$$

此外,预处理和初始化阶段还要进行如下操作:将两个规则集中剩余的规则映射为规则对 (r_{ti}, r_{t+kj}) 的集合,其中每个规则对被称为一个项;对每条规则统计覆盖的样本数,该数据将在算法的后续步骤中被重复用到,通过事先的预计算可以减少计算量,提高算法效率;为每一项构建一个符合该项的客户列表 ListofRulePair$_{ij}$,初始时为空;对每一项以相同信息素量 $\tau(0) = 1/a$ 初始化。

2. 信息素更新及项选择策略

本章所提出的信息素更新及项选择策略基于蚁群优化算思想,该算法是由蚁群觅食过程中寻找最短路径的方法启发产生的。结合规则变化挖掘的特点,给出如下信息素更新策略。

对有客户符合的项,增加其信息素量,模拟蚂蚁在走过的路径上遗留信息素的过程,更新公式如下:

$$\tau_{ij}(t+1) = \tau_{ij}(t) + \eta_{ij} \cdot \tau_{ij}(t) \tag{10.2}$$

对没有客户符合的项,减少其信息素量,模拟信息素的挥发,其更新公式如下:

$$\tau_{ij}(t+1) = \tau_{ij}(t) - \rho \cdot \tau_{ij}(t) \tag{10.3}$$

为了使算法更有效地收敛,采用了基于规则支持度的启发式函数,其公式如下:

$$\eta_{ij} = (s_i + s_j)/2 \tag{10.4}$$

其中 s_i 和 s_j 分别表示规则 r_{ti} 和 r_{t+kj} 的支持度,即满足规则的样本数在总样本数所占的百分比。

在上述计算的基础上,项 RulePair$_{ij}$ 选择概率计算公式如下:

$$p_{ij}(t) = \frac{\tau_{ij}(t)\eta_{ij}}{\sum\limits_{RulePairsSet} \tau_{ij}(t)\eta_{ij}} \tag{10.5}$$

3. 项搜索过程

为了提高算法的运行效率,在项搜索过程中加入了判断条件,避免了遍历所有项。当客户符合当前项,则将该客户添加到该项的列表中,根据公式更新信息素,并结束该客户的搜索过程;如果客户只符合该项中的第一个规则,则将候选项集中不包含第一个规则的所有项去除;如果客户只符合该项中的第二个规则,则将候选项集中不包含第二个规则的所有项去除;如果客户对两个规则都不符合,则将候选项集中包含第一个规则或第二个规则的所有项去除。通过判断,可以有效减少候选项集中项的数量,减少运算量。

4. 客户转移模式的确定

算法的最后是根据算法运行结果来确定客户转移模式。根据事先给定的阈值,例如支持率(置信度)大于一定比例,可确定该项为一个客户转移模式。该阈值在应用中由领域专家给出。

10.3　实验验证

本章选取了某电信企业两组客户数据集作为应用体系的输入,两组数据的采集时间间隔为三个月。所用到的数据属性如表 10.1 所示。

表 10.1　数据属性列表

序号	变量名	变量说明
1	Regular_dur	常规期间的通话时间
2	Discount_dur	折扣期间的通话时间
3	Local_dur	本地通话时间
4	Domestic_dur	国内长途通话时间
5	Svc_sms	短消息服务的次数
6	Svc_type	收费服务的种类
7	Svc_time	收费服务的次数
8	Card_type	电话卡种类
9	Disc_type	服务套餐种类
10	Age	客户年龄
11	Gender	客户性别
12	Arrearage_time	欠费次数
13	ARPU	客户月消费额
14	Churn	客户是否流失

实验平台采用的是自主开发的基于群体智能的数据挖掘软件系统 SIMiner。应用本章提出的客户转移模式分析的流程,首先应用文献[40]中的分类方法,对两组数据集分别进行挖掘,获得两组规则集,然后采用上述基于群体智能的客户转移模式分析算法,对两组规则集进行规则变化挖掘,输出如图 10.2 所示的变化规则集。

从图中可以看出所得到客户转移模式具有不同类型。其中前两个是意外模式,即两条规则的结论部分相同,但条件部分不同。第三个是消亡模式,即存在于以前所产生的客户模式集但不存在于当前所产生的客户模式集的客户模式。第四个是增加模式,即新产生的客户模式,该客户模式是以前所产生的客户模式集里所没有出现过的。

通过对不同类型的客户转移模式的分析,可以有效地进行决策支持。例如从第一个意外模式中,我们可以发现 A 电话卡的部分客户,从常规期间的通话时间较长的消费模式,向折扣期间的通话时间较长的消费模式转变,说明 A 电话卡所采取的折扣优惠活动取得了一定的效果。

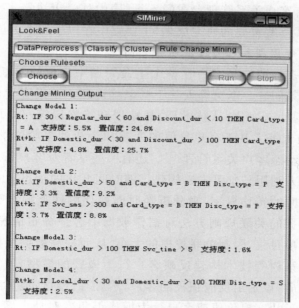

图 10.2　客户转移模式分析结果

10.4　客户转移模式分析仿真平台

为满足当前客户关系管理中对客户动态分析的需求,在上述客户转移模式分析方法研究的基础上,对客户数据动态分析方法进行进一步研究,从客户行为模式、客户生命周期价值及客户转移成本的角度,挖掘客户转移模式,并对其产生的原因进行分析和解释,从而为企业生产经营决策的事前预测和事后评估提供支持,并针对汽车行业营销管理应用构建了客户转移模式分析仿真平台。

10.4.1　相关研究背景

随着市场竞争的日益加剧,企业传统的基于 4P(Product 产品,Place 渠道,Price 价格,Promotion 促销)的竞争模式已逐渐被基于客户关系的经营理念所取代。未来市场的竞争已演变成服务手段的竞争,演变成发展客户关系的竞争,作为国家支柱型产业的汽车工业表现得尤为明显。至 2004 年,国内汽车行业中只有上汽通用、一汽大众、江铃等少数几家已经实施客户关系管理(CRM)系统,且大多是销售管理、呼叫中心等操作型和协作型 CRM 系统,基于数据挖掘的分析型 CRM 系统的应用还很少[43]。如何使企业在复杂多变的市场环境中,能够及时准确地掌握客户需求、消费模式及价值生命周期的变化趋势,并分析变化产生的原因,制定出相应的市场营销策略,将国内企业较长期间内积累的客户信息优势转变为市场竞争中的胜势,已成为汽车行业迫切需要解决的问题。

为此,针对现有客户关系管理存在的不足,国内外学者进行了大量的相关理论和应用研究,并取得了一些重要的研究成果,主要集中在以下三个方面:

1. 客户价值生命周期和行为模式研究方面

目前的研究大多强调的是客户在整个生命周期中价值的不断变化,以及与此对应的企业多阶段决策问题。李勇等人基于概率统计理论给出客户价值的量化度量方法,根据客户价值的动态变化,从技术层、战略层和策略层等三个层面建立动态客户关系管理[44]。李纯青等人基于客户价值的变化和企业的多阶段决策,提出对客户价值进行定量分析的动态客户关系管理[45]。还有一些学者对客户行为模式的变化进行了研究。袁旭梅等人利用马尔可夫链构建了随时间变化的动态 CRM 模型,根据顾客在不同的顾客群之间的转移概率,来分析随时间变化的网上顾客购买行为[46]。杨雪梅等人利用数据挖掘的关联规则方法对销售数据中客户分布情况进行数据挖掘,利用兴趣度减少频繁项目集,限制关联规模的大小,从而提高数据挖掘的速度[47]。王宏运用回归分析和决策树等技术构建反映客户行为模式的模型,预测潜在客户的对新客户开发活动的反应,识别出反应积极的客户,然后有针对性地实施营销活动[48]。上述研究基本上局限于从客户价值或客户行为模式等角度对动态客户关系管理进行了研究,并未形成完整的体系结构。

2. 数据集和规则集的动态变化挖掘方法及相应的结果评估与解释方法研究方面

为了能使企业在以客户为导向的销售服务中,正确理解和适应客户的行为模式,国内外很多学者开展了基于动态环境的学习和挖掘技术研究。Liu 等人指出客户行为模式指导企业随变化的市场提供正确的产品和服务[49]。Cheung 等人提出了规则维持度的概念,用以在变化的环境下提高准确性,但没有提供针对用户改变的规则[50]。Agrawal 等人发现了浮现模式,捕获了浮现递增趋势,却没有考虑规则中的结构改变[51]。Padmanabhan 等人提出意外规则挖掘方法,根据已存在的用户数据发现变化,但不能感知到变化的程度[52]。Han 等人提出了基于时间序列模式的挖掘算法,可以通过计算相似度关联时间序列数据,但不适合不规则时间序列数据的关联[53]。

在对挖掘结果的评估与解释方面,Srikant 等人提出了兴趣度的概念[54],对获得规则的有效性、潜在有用性、新颖性和可理解性进行了综合度量。目前对兴趣度的研究主要集中在规则的客观感兴趣度[55]。这些方法只是利用规则的前件和后件的客观关联来评价对规则的感兴趣程度,忽视了领域知识和与用户的交互。

3. 客户转移成本分析方面

客户转移成本通常指的是当客户在不同企业间转移时,自身所付出的代价。Paul S. Calem 等人以新的兴趣度计算方法对信用卡用户的转移成本进行了分析[56];刘义等人对客户转移成本进行了分类,并分析了每种转移成本对客户忠诚度的影响[57];Hee-Su Kim 等人分析了客户转移成本在移动通信市场的客户维持中的作用[58];王子健等运用理论建模和数据测算的研究方法,对商业银行客户转移成本做出了量化分析[59]。上述研究并未涉及客户在企业内部的产品或服务间转移或在不同企业间转移时,对企业所造成的经营成本,不能全面地支持相应的决策。

10.4.2 构建客户转移模式分析仿真平台相关理论研究

1. 客户数据动态分析方法研究

针对海量的、多维的客户数据特征及相关业务特点,研究基于企业多维客户数据的动态分析方法,进行客户细分、客户响应度和客户满意度分析等,支持客户模式转移研究,主要包括:

(1)多维数据分析模型研究:针对汽车营销过程中产生的销售记录、促销记录、售后服务、产品故障等客户数据特征及相关业务特点,建立不同转移模式的多维数据分析模型。

(2)面向领域的数据分析方法研究:分别从客户细分、客户响应度和客户满意度等方面建立针对不同转移模式的多维数据分析模型,为客户模式转移的研究提供基础。

2. 客户转移模式度量及挖掘方法研究

目前客户转移模式研究大多侧重于规则变化,且局限于规则结构的变化,不能发现规则所覆盖样本的范围和边界条件,因而无法建立客户转移模式与规则之间的映射关系以及控制策略。为此,对客户转移模式进行的相关研究包括客户转移模式的类型分类;结构化描述方法;客户转移模式的挖掘和量化计算方法;以及转移模式间的映射关系等方面。

(1)客户转移模式分类与结构化描述方法:针对不同的数据挖掘方法所产生的客户模式,建立客户转移模式的特征描述方法,有效区分不同类型的客户转移模式;

(2)研究基于数据挖掘和智能计算方法的客户转移模式分析方法:根据客户模式在结构上的相似度和差异度以及转移模式所覆盖的样本空间边界条件,提出相关客户转移模式的度量方法和挖掘方法,并对客户转移模式的变化程度进行量化计算;

(3)根据不同转移模式中客户的来源和去向,在多个转移模式中进行分析,建立转移模式间的映射关系。

3. 客户转移模式成本分析

客户转移模式成本分析涉及由于企业营销策略的改变导致客户消费行为方式的改变而引起双方成本的变化。为此,分别从企业和客户两个方面对客户转移模式成本进行分析和研究。

(1)从企业的角度研究客户转移模式成本与客户忠诚度、客户满意度、客户生命周期价值的关联关系,对不同类型的客户转移模式所产生的客户转移模式成本进行量化分析。

(2)从客户的角度研究其转移成本,即其由于自身行为模式的改变所付出的代价,从沉没成本、潜在投资成本及机会成本等方面综合分析,并针对不同类型的客户转移模式所产生的转移成本进行量化分析。

4. 客户转移模式仿真及决策支持研究

在上述研究的基础上,以客户数据、客户转移模式、客户转移模式成本、客户动态分析所获取的知识以及给定的初始营销策略集作为输入,采用群体(swarm)建模的思想,对客户全生命周期的行为进行动态仿真,根据仿真结果,对给定的策略或组合策略的实施效果进行预测,实现对策略的事前控制和修正。其主要内容包括:

(1) 知识的形式化描述和嵌入:在对客户转移模式的类型、度量和挖掘方法、映射关系及客户转移模式成本等进行充分研究的基础上,将所得到的知识进行形式化表示,嵌入个体的特征和规则描述中。

(2) 客户之间的关联与影响分析:将客户作为群体进行考察,分析不同转移模式中客户之间的关联度、影响因子,以及由此带来的群体行为变化,研究涌现出来的群体性质和行为特征。

(3) 多策略组合分析:根据仿真结果,分析多种营销策略在不同时间、空间进行组合所带来的企业成本效益变化及客户模式变化,为综合决策提供支持。

10.4.3 客户转移模式分析仿真平台及相关实现技术

基于上述的理论研究,对客户转移模式分析结果的表现及可视化技术进行分析,并基于 JAVA2 平台企业版 J2EE 技术规范,融合面向服务的架构 SOA 思想,构建能够满足商业应用动态分析需求的客户转移模式应用仿真系统平台。

1. 仿真系统平台体系结构研究

研究客户转移模式仿真系统平台的逻辑构成和总体结构框架,为异构数据库和多维客户数据的整合和分析,客户转移模式建模与挖掘,以及面向各种业务主题与不同应用层次的决策支持,构建相应功能模块并提供工具集,定义各层模块间统一的访问接口,从而实现面向领域应用的客户转移模式仿真系统平台。平台的功能结构如图 10.3 所示。

2. 应用基础模块

针对汽车行业客户关系管理的特点,对多维客户数据进行收集、整理和及时处理反馈,主要包括客户销售自动化管理系统和客户服务与技术支持系统。

(1) 客户销售自动化管理系统:包含销售机会、销售活动、销售时间表、产品配置与报价、销售渠道、销售合同和商机管理等功能模块,实现销售过程中多部门间信息的无缝连接。

(2) 客户服务与技术支持系统:包含客户报修、服务历史记录查询、技术支持、投诉处理、预约维修、派工、维修信息反馈等功能模块,实现售后服务中对客户反馈的及时处理。

3. 可视化客户转移模式特征模型建模语言

针对不同类型客户转移模式的特点,建立面向客户价值生命周期特征的客户转移模式定义、描述和分析的建模工具,为客户动态数据分析和多维数据建模提供参考

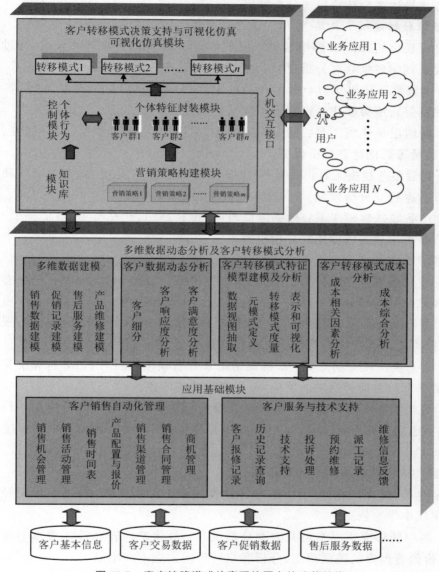

图 10.3　客户转移模式仿真系统平台的功能结构

模型。该工具集主要实现如下功能：

（1）面向业务应用的数据视图抽取工具：对与分析任务相关的数据子集进行定义和清理、转换等预处理，提取与任务相关的可挖掘视图。

（2）元模式定义工具：定义面向具体应用的客户转移模式分析所匹配的元模式，指导模式挖掘过程。

（3）客户转移模式度量工具：根据客户转移模式结构上的相似度和差异度及覆盖样本的空间边界条件，对客户转移模式进行分类和度量。

（4）客户转移模式表示和可视化工具：利用概念分层、数据立方体等模型表示和可视化方法描述客户转移模式分析结果。

4. 多维数据建模工具集

建立可视化的 OLAP 多维数据建模工具,针对不同的客户转移模式,通过定义维度和粒度来创建多维数据分析模型,为客户数据动态分析工具提供基础。

(1)销售数据建模工具:根据产品的销售时间、销售地区、产品类型、客户属性(年龄、性别等)、销售额和销售数量等数据建立分析模型。

(2)促销记录建模工具:根据促销时间、促销地点、产品类型、客户属性、促销类型、客户数量等数据建立分析模型。

(3)售后服务建模工具:根据服务时间、服务类型、产品类型、客户属性和客户是否满意等数据建立分析模型。

(4)产品维修建模工具:根据维修时间、维修部门、产品类型、故障类型、客户属性和客户是否满意等数据建立分析模型。

5. 客户数据动态分析工具集

在构建的多维数据分析模型基础上,对客户细分、客户响应度和客户满意度进行分析。客户数据动态分析工具集主要包括以下的工具:

(1)客户细分工具:在销售数据分析模型基础上,采用聚类分析技术,根据销售地区、产品类型和客户属性等特征上的相似程度,对客户进行分类。

(2)客户响应度分析工具:根据促销记录分析模型,运用回归分析和决策树等技术预测潜在客户对促销活动的反应,分析客户的响应度。

(3)客户满意度分析工具:根据售后服务分析和产品维修分析模型,对产品、服务、维修等建立多级指标体系,采用多元回归分析技术,找出影响客户满意度的主要因素。

6. 客户转移模式成本分析工具集

从企业和客户两个角度提供客户转移模式成本分析工具,为进一步的经营决策提供量化成本作为依据。

(1)客户转移模式成本相关因素分析工具:量化客户转移模式成本与客户忠诚度、客户价值等因素的关联程度,分析客户转移模式成本产生原因。

(2)客户转移模式成本综合分析工具:根据沉没成本、潜在投资成本及机会成本,综合分析不同客户转移模式所对应的客户转移模式成本。

7. 客户转移模式决策支持可视化仿真系统平台

采用 Swarm 平台架构和仿真技术,提供营销策略构建、客户信息封装与行为控制技术支持,构建可视化结果描述模块,提供面向业务应用和领域专家的综合人机交互接口,对营销策略的实施效果进行事前预测,有效支持企业生产经营决策。

(1)营销策略构建模块:面向业务应用提供构建营销策略所需的必要元素,并可根据客户转移模式分析结果调整营销策略,为客户行为提供仿真环境。

(2)客户特征封装模块:根据客户特征与客户模式分析结果,提供客户特征封装技术支持,构建具有特定特征的客户群,使其在环境中具有自主行为能力。

（3）知识库模块：存储并管理客户数据动态分析及客户转移模式研究获得的知识,能够在客户反馈基础上进行知识推理。

（4）个体行为控制模块：根据个体的当前状态,通过读取知识库中的相应规则,决定个体的状态转移。

（5）可视化仿真模块：通过信息可视化技术（图形、图表或图像描述）,构建可视化仿真模块。利用反馈的方法逐步修正决策参数,优化决策模型,配合评价系统进行决策有效性验证。

（6）综合人机交互接口：提供专家、分析人员、客户参与解决问题的接口。通过评价分析客户转移模式及在此基础上的相关决策,提供可视化仿真模块的反馈信息,共同辅助制定最优的决策方案。

客户转移模式仿真系统平台技术实施方案如图 10.4 所示。

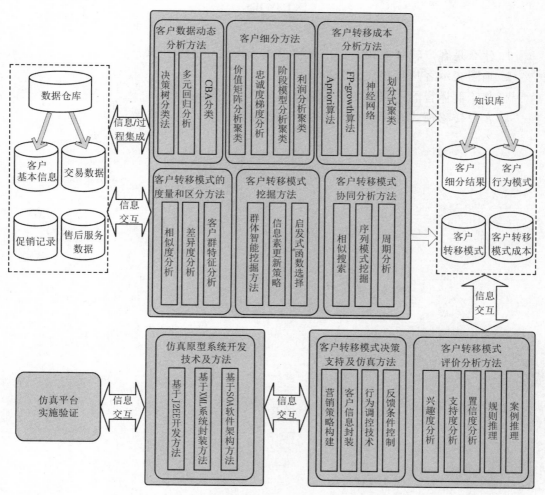

图 10.4 基于数据挖掘的客户转移模式仿真系统平台实施方案

10.5　本章小结

　　日益发展的商务模式以及不断变化的客户需求和客户行为模式,给客户数据的动态分析和客户关系管理带来了新的挑战。本章提出了客户转移模式分析的概念,分析了客户转移模式分析的流程,提出了一种基于群体智能的规则变化挖掘方法,将单一的客户数据作为独立个体,给出了其在规则集中搜索的信息素更新策略及项搜索策略,挖掘出客户转移模式,使企业能够及时、准确地掌握客户需求及其消费模式的变化趋势,从而制定出相应的市场营销策略。本章最后提出针对汽车行业营销管理应用构建客户转移模式分析仿真平台,并对相关的理论研究和实现技术进行了分析和阐述。

习　题

1. 什么是客户转移模式?客户转移模式分析的任务是什么?
2. 画图表示客户转移模式分析流程。
3. 基于群体智能的规则变化挖掘算法有哪些主要内容?
4. 客户转移模式分析仿真平台由哪些模块构成?

第11章

基于群体智能的数据挖掘体系在 CRM 中的应用

随着市场的日益成熟和竞争的日益激烈，"以产品为中心"的商务模式逐渐向"以客户为中心"转变，客户关系管理（CRM）的理念已深入人心，CRM 系统的应用也日益普遍。但目前 CRM 主要应用在金融、电信、零售等信息化程度较高的服务型行业，制造业中 CRM 应用还不够普及，且大多是销售管理、呼叫中心等操作型和协作型 CRM 系统，分析型 CRM 系统的应用还很少。这对于当前知识密集型的制造业来说是远远不够的，主要体现在：①缺乏最大限度地将专业知识和专家经验嵌入到产品与服务中去的能力，也就是缺乏实现知识与技术商品化的能力；②难以使企业和客户建立更密切的关系，从而使企业更好地理解和服务于客户需求并及时识别具有共同利益的商业机会，从事交易活动；③ 缺乏对客户信息的分析，不能针对客户反馈信息进行及时准确的经营决策。

基于数据挖掘方法的分析型 CRM 能针对制造型企业的业务特征，帮助企业解决这些问题。数据挖掘是一种具有智能性的信息技术，它能从海量数据中用自动或半自动的方法获取知识，用以辅助和支持决策。制造企业在生产经营过程中积累了大量客户数据，其中蕴含着丰富的信息和知识。数据挖掘可以帮助制造企业通过对客户数据的分析，掌握客户消费模式，了解客户需求，对客户进行细分，并在此基础上，为客户提供个性化产品和服务，获取潜在客户，维持已有客户，促进客户消费，对市场进行合理规划，从而提高企业竞争力，增加企业效益。

群体智能是受到群居昆虫群体和其他动物群体集体行为的启发而产生的算法和解决方案。在群体智能中组成群体的是结构简单的独立个体，通过个体间及个体和环境间的简单交互，最终体现为群体行为。单一的一个客户数据与群体智能中的个体类似，本身结构简单，不能提供有效的客户模式，但多个近似的客户数据所体现出来的客户模式，则反映了该客户群的群体特征。因此本章在客户关系管理中采用了基于群体智能的数据挖掘方法。

制造业中的数据挖掘应用目前主要集中在设备管理、质量管理、库存管理等方面，制造企业客户关系管理中对数据挖掘技术的应用还刚刚起步，虽然在某些业务领域有所应用，但还未有系统的、全面的应用研究。例如文献[60]中只对客户忠诚度进行了分析；文献[61]讨论了基于呼叫中心的客户管理系统在制造业的应用；文献[62]只给出了多层数据仓库体系框架，并未讨论具体数据挖掘方法的应用。本章对制造业客户关系管理中数据挖掘应用的各个业务领域进行了系统的研究，提出了业务应用、评价指标以及数据挖掘功能间的映射关系，采用基于群体智能的数据挖掘方法，建立了系统的应用于分析型 CRM 的数据挖掘应用体系。

11.1　客户关系管理与数据挖掘功能映射

数据挖掘可为大量制造型企业的业务需求提供答案,包括:区分客户特征,针对不同客户群体采取相应的营销策略;预测哪些客户可能会流失,如何留住他们;评价客户真实价值,对不同价值的客户群体采取不同策略;利用客户信息判断新的商业机会,进一步拓展企业业务;寻找可为其开发新型产品的客户群,促进客户消费;确定交叉销售和纵深销售的候选客户,有针对性地开展促销活动;等等。

本章将上述问题归纳为制造业客户关系管理的五个业务应用领域,分别是:客户细分,客户流失预测,客户价值分析,交叉销售和纵深销售,客户转移模式分析。每一个应用领域中用相应的评价指标作为标准,使用相应的数据挖掘功能来实现。业务应用、评价指标和数据挖掘功能间的映射关系如图 11.1 所示。

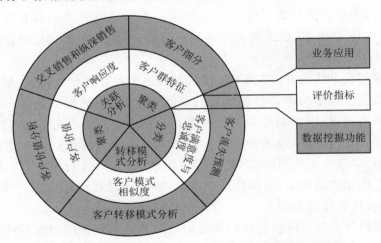

图 11.1　业务应用、评价指标和数据挖掘功能间的映射关系

11.2　制造业客户关系管理数据挖掘应用体系

上述各个业务应用领域之间并非是彼此孤立的,而是相互关联的。只分析其中的某一方面,不能形成完整的客户关系管理体系,无法为企业提供全面的决策支持。而且,各应用领域中所涉及的评价指标在分析过程中还会有交叉应用。因此在上面给出的业务应用、评价指标以及数据挖掘功能间的映射关系基础上,提出了制造业客户关系管理中的数据挖掘应用体系,如图 11.2 所示。

11.2.1　客户细分模块

客户细分是用数据挖掘方法发现客户共同特征,将客户划分为若干个客户群的过程。客户细分使制造企业能够了解客户群体特征,有针对性地制定市场营销策略,

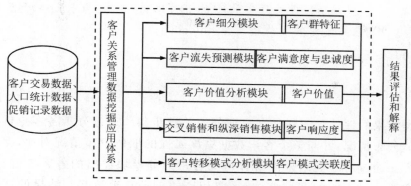

图 11.2 制造业客户关系管理中的数据挖掘应用体系

同时也是获取新客户的基础,可以针对客户特征采取有效的促销方式。客户细分模块以客户交易数据、人口统计数据和促销记录数据作为输入。其中人口统计数据往往不易收集或不准确,因此只作为辅助变量。

客户细分模块使用数据挖掘聚类方法对输入数据进行分析处理。本章采用基于蚁群聚类思想的数据挖掘算法——Ant-Cluster 算法(详见第 9.2 节)。该方法与常用的 k-平均算法相比,不用事先指定聚类数,且没有对初始聚类中心选择的依赖性,能够更为有效地划分客户群体。Ant-Cluster 算法描述如下:

算法 11.1 Ant-Cluster 算法

初始化阶段:对算法所需参数初始化,包括群体相似度常数 α,蚂蚁观察半径 r,最大循环次数 N,二维网格的大小 size,每个蚁群中的蚂蚁数量 m_p,快速蚁群中的蚂蚁速度 v_{high},慢速蚁群中的蚂蚁速度 v_{low},变速蚁群中的蚂蚁最快速度 v_{max},蚂蚁负载同一数据移动的最多次数阈值 l;将客户数据随机置于二维网格上;将三个具有不同移动速度的蚁群置于二维网格上;对每只蚂蚁的负载状态初始化。

while(cycle_time <= N)

　　以一定步长调整群体相似度常数 α;

　for($p=1$; $p<=3$; $p++$)

　　for($i=1$; $i<=m_p$; $i++$)

　　　if(蚂蚁 i 遇到一个客户数据)

　　　　if(蚂蚁 i 的负载状态为 unloaded)

　　　　　计算该客户数据在观察半径 r 内的群体相似度,并计算拾起概率 p_p,将其与随机数 p_r 进行比较,如果 $p_p > p_r$,蚂蚁 i 拾起该数据,并改变其负载状态为 loaded;

　　　　else

　　　　　if(蚂蚁 i 的负载状态为 loaded)

　　　　　　如果蚂蚁 i 负载同一数据移动的次数超过阈值 l,蚂蚁 i 放下该数据,且其负载状态改变为 unloaded。否则,计算群体相似度,进而计算放

下概率 p_d，将其与随机数 p_r 进行比较，如果 $p_d > p_r$，蚂蚁 i 放下该数据，并改变其负载状态为 unloaded；

   end

  end

 end

  对聚类结果的评估与解释是客户细分的关键步骤。通过分析各客户群中的各个属性的取值分布情况，并与整个客户数据集该属性的取值分布情况对比，得出不同客户群的特征。通过对聚类结果的解释得到客户细分模块输出的各客户群特征，可以帮助制造企业针对不同的客户群体，采取相应的市场营销策略。结果的评估与解释具体过程在第 11.3 节应用举例中给出。

11.2.2 客户流失预测模块

  由于市场日趋饱和，制造企业竞争日益激烈，获取新客户的成本比留住原有客户的成本高得多，对客户流失进行预测并采取有效措施留住客户成为制造企业面临的重要问题。由于流失客户在整个客户数据集中所占比例较小，客户流失预测模块输入的数据样本，如果从所有数据中随机抽取样本作为数据集，将影响预测效果。因此，在抽取样本数据集时将流失客户数据的比例设定为适当值（例如 30%），并只针对某类客户进行流失预测，如制造企业某类型产品的客户，这样预测的针对性更强，效果会更好。

  客户流失预测模块采用数据挖掘中的分类方法。客户流失预测模块的输出分为两种形式：一种是规则形式，另一种是客户忠诚度。规则形式可解释性好，能使用户易于理解，辅助决策者采取相应的措施预防客户流失。本章采用基于蚁群优化算法的分类算法——ACO-Classifier 算法（详见第 8.2 节），可以得到预测准确度更高，更为简洁，便于理解的分类规则[40]。该算法描述如下：

算法 11.2 ACO-Classifier 算法

TrainingSet＝{所有训练样本}；

DiscoveredRuleList＝[ ]；

while（|TrainingSet| ＞ Max_uncovered_cases）

  以确定步长调整参数 Min_cases_per_rule 的值；

  for（$p＝1$; $p ＜$ No_ant_populations; $p＋＋$）

  $j＝1$；

  以相同的信息素量值对所有路径初始化；

  for（$i＝1$; $i ＜$ No_ant_in_each_populations, $j ＜$ No_rules_converg; $i＋＋$）

   蚂蚁 i 从一个空规则开始，根据启发式函数和信息素量一次向规则 R_i 中添加一项，直到再加入一项会使该规则覆盖的案例小于"每条规则最小覆盖案例数"；或者所有的项都被蚂蚁 i 使用过；

对规则 R_i 进行剪枝；

更新所有路径的信息素量：增加蚂蚁 i 所走过的路径上的信息素量，减少
其他路径上的信息素量；

if (R_i 与 R_{i-1} 相同)

$j++$;

else $j=1$;

　　end

　end

选择最佳规则 R_{best}，加入到 DiscoveredRuleList；

TrainingSet $=$ TrainingSet $-\{R_{\text{best}}$ 所覆盖的样本集$\}$；

end

客户忠诚度作为客户流失预测模块的另一种输出形式，用神经网络方法获得。
用样本数据集作为输入，经过训练和测试得到一个预测客户流失的神经网络模型，它
输出的结果是客户的流失概率 T。则忠诚度 L 可表示为：$L=1-T$。根据实际应用
的经验，给出一个忠诚度阈值 λ，当 $L<\lambda$ 时则认为该客户可能流失，并根据客户特征
采取相应措施。

此外，在客户流失预测中还涉及客户满意度。但需要注意的是，满意并不代表忠
诚。满意度通常是通过市场调查得出的，它并不能直接预测客户是否会流失，只有忠
诚度才能较准确地反映客户流失的可能性。但满意度可以作为对可能流失客户采取
相应措施的依据，例如忠诚度低、满意度高的客户，应该是企业挽留的重点。

11.2.3　客户价值分析模块

正确地评估客户的真正价值，可以使制造企业在基于客户的市场活动中采取主
动和适当的策略，维持已有客户，发掘潜在客户，促进客户消费。客户价值并不等同
于客户生命周期价值，因为通常所说的客户生命周期价值并未考虑客户的信用风险，
即客户的流失可能性。这里所说的客户价值加入客户信用风险的因素，包括三个方
面：当前价值、潜在价值以及客户信用风险。客户价值 V 表示为如下函数：

$$V=f(c,p,r) \tag{11.1}$$

其中，当前价值 c 代表客户对企业过去的贡献，用客户给企业带来的收入来衡量；客户
信用风险 r 代表客户的流失可能性，用客户满意度及忠诚度来衡量；潜在价值 p 代表
客户对企业未来的贡献，用客户的"活跃程度"来衡量。客户活跃程度定义为最近某
段时间内客户的单位时间平均消费额。

根据如上定义，计算出客户价值后，客户价值分析模块采用上述的 Ant-Cluster
聚类方法，使用当前价值 c、潜在价值 p 以及客户信用风险 r 三个属性作为聚类的依
据，对客户价值进行分析。最后的聚类结果分布于以 c,p,r 为坐标的三维坐标系中，

如图 11.3 所示。

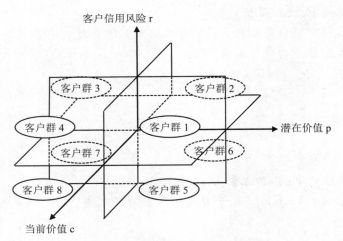

图 11.3　客户价值分析聚类结果

对聚类结果的评估和解释与客户细分中的方法类似,可以得出分布于不同卦限的客户群的特征。针对不同卦限中的客户群,采取相应的措施。例如第五卦限中的客户群 5,其当前价值与潜在价值较高,但其客户忠诚度低,客户信用风险大,因此可以对其采取优惠策略、加强客户关怀等措施,以增加其客户忠诚度。

11.2.4　交叉销售和纵深销售模块

制造企业客户关系管理的一个重要方面就要促进客户消费,使客户为企业带来更大的价值,这就要依靠企业对客户的交叉销售和纵深销售来实现。交叉销售是指向合适的客户群推销相关产品或服务,纵深销售是指向合适的客户群追加销售价值更大的同种产品或服务。

交叉销售和纵深销售模块的输入是交易数据和促销记录数据,采用数据挖掘中的关联分析方法进行分析。关联分析能够发现给定数据集中某些频繁地一起出现的属性-值之间的关联规则,因此可以用于客户交叉销售和纵深销售分析。具体采用的关联分析方法是 Apriori 算法。用该算法来发现客户所购买的产品和服务间的关联规则,以指导交叉销售和纵深销售策略。交叉销售和纵深销售模块的输出是客户响应度,用 Apriori 算法中得到的规则最小置信度作为客户响应度。

11.2.5　客户转移模式分析模块

由于市场环境处于不断的变化之中,客户的需求和选择也在不断地改变,因此就产生了客户转移模式的概念。所谓客户转移模式,是指客户消费模式的改变及其变化规律。客户转移模式分析的任务,就是发现客户消费模式的改变,揭示其中的变化规律,得出变化产生的原因,用于辅助企业决策者做出正确的市场营销策略。

客户转移模式分析模块以两个不同时间段的客户数据集作为输入,首先生成各自所对应的规则集,然后采用基于蚁群优化算法的数据挖掘方法,发现两个规则集所包含的规则以及其所覆盖的客户的变化规律。算法简单描述如下:

算法 11.3　基于群体智能的客户转移模式分析算法

预处理及初始化:判断两个规则集中结构完全相同的规则,并将其在两个数据集中所覆盖的相同样本去除;对两个规则集中的每条规则建立其所覆盖的客户列表;将两个规则集中的规则映射为规则对 (R_{ti}, R_{t+kj}) 的集合,其中每个规则对称为一个项;每一项构建一个符合该项的客户列表,初始时为空;对每一项以相同信息素量进行初始化。

RulePairsSet $= \{(r_{ti}, r_{t+kj}) \mid r_{ti} \in R_t, r_{t+kj} \in R_{t+k}\}$

for $(n=1; n <= c; n++)\{$

    RulePairsSet 初始化;

    for $(m=1; m <= a; m++)\{$

        根据信息素量和启发式函数选择 RulePair_{ij};

        if $(\text{Customer}_n \in \text{RulePair}_{ij})\{$

            添加 Customer_n 到 $\text{ListofRulePair}_{ij}$;

            更新信息素量;

            break;

        $\}$

        else if $(\text{Customer}_n \in R_{ti})$

            在候选项集中只保留包含 R_{ti} 的项;

            else if $(\text{Customer}_n \in R_{t+kj})$

                在候选项集中只保留包含 R_{t+kj} 的项;

                else 将候选项集中包含 R_{ti} 或 R_{t+kj} 的所有项去除;

    $\}$

    if $(\text{Customer}_n \notin \forall \text{RulePair}_{ij})$

        根据 Customer_n 满足的规则情况将其归类;

$\}$

根据每个项的客户列表中的客户数量及预先定义的客户数量阈值,确定客户转移模式。

客户转移模式分析的结果可以在以下两方面为企业提供决策支持。一方面,企业决策者根据市场的变化情况,制定了相应的市场策略,可以根据分析结果预测客户在新的市场策略下的客户转移模式;另一方面,根据分析客户在两个不同时期的客户转移模式,发现其中的规律和原因,从而制定新的相应的市场策略。

11.3　应用举例

下面通过一个应用实例来说明数据挖掘应用体系在制造业客户关系管理中的应

用过程。本章选取了一组某汽车制造企业客户数据集作为应用体系的输入,该数据集共包含客户数据 66144 条,所用到的数据属性如表 11.1 所示。

表 11.1　数据属性列表

序号	属性名	属性说明
1	yhmx_age	客户年龄
2	yhmx_sex	客户性别
3	yhmx_adr	客户地址
4	yhmx_xsje	购车金额
5	yhmx_cpmc	产品名称
6	yhmx_cxmc	车型名称
7	yhmx_color	车的颜色
8	yhmx_cjcs	成交次数
9	ghdx_detsum	定检提示次数
10	ghdx_det_ok	定检是否完成
11	yhmx_tscs	客户投诉次数
12	ghjl_sat	客户满意度
13	yhmx_zxfe	客户总消费额
14	yhmx_churn	客户是否流失

实验平台采用的是自主开发的基于群体智能的数据挖掘软件系统 SIMiner。系统的应用过程如下:

(1) 数据准备过程。首先对数据进行填充空缺值、数据离散化等预处理,然后根据不同模块对输入数据的要求,分别对相应数据进行整理,选择所需的属性,选取合适的数据子集。例如客户流失预测模块输入的是某类产品的客户数据,则根据要分析的产品类型,从数据库中选取需要的样本。

(2) 数据挖掘模块分析处理过程。将准备好的数据分别输入数据挖掘应用体系中相应的分析处理模块,运行该模块中的数据挖掘算法,得到所需的模型。例如应用客户流失预测模块中的 ACO-Classifier 算法,对某车型客户数据集进行客户流失分析,输出如图 11.4 所示的规则集。

(3) 结果的评估和解释过程。对数据挖掘结果的评估和解释是应用过程中的关键步骤,从中可以获得可理解的规则和知识,用于指导企业决策。例如对客户细分的结果进行评估和解释,分析各客户群中的各个属性的取值分布情况,并与整个客户数据集该属性的取值分布情况对比,得出不同客户群的特征,即客户交易模式,用以指导市场营销策略。

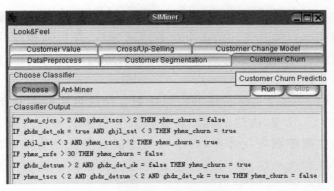

图 11.4　客户流失分析规则集

　　例如,图 11.5 是采用 Ant-Cluster 算法,对客户进行细分的结果。图 11.6 和图 11.7是对其中某客户群成交次数属性的分析。从图 11.7 中可以看出,该客户群中超过 80％的客户成交次数都在 3 次及以上,与图 11.6 所示的整个数据集在该属性的取值分布不同,说明成交次数较高是该客户群的一个特征。可根据该客户群的这一特征,采取相应的市场营销策略,例如对该客户群采取交叉销售的措施,促进其进一步消费,或者对与该客户群的其他属性特征相似的客户采取促销措施,以增加其成交次数。

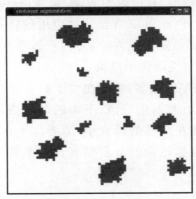

图 11.5　客户细分聚类结果

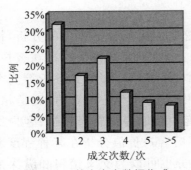

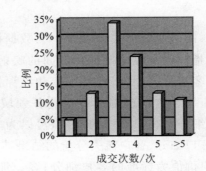

图 11.6　整个客户数据集成　　图 11.7　某客户群成交次数分布情况
　　交次数分布情况

上述数据挖掘应用体系在制造业客户关系管理中的应用过程,说明了该体系能够分析处理制造业客户关系管理的多个业务应用领域,并得到相应的客户评价指标,很好地体现了业务应用、评价指标以及数据挖掘功能间的映射关系,能够对制造企业的市场决策提供全面的支持。

上述应用表明,在基于群体智能的数据挖掘方法进行研究的基础上,将算法研究成果应用于客户关系管理,构建的客户转移模式分析仿真平台及针对客户关系管理各种业务应用的数据挖掘应用体系,对于数据挖掘方法及分析型客户关系管理的研究和应用具有促进和指导作用,但有很多方面还需要进一步的研究和完善。主要包括以下方面:

(1) 算法的参数有待进一步优化。例如 ACO-Classifier 算法中的启发式函数和选择概率函数的计算,Ant-Cluster 算法中的拾起概率和放下概率的计算,可以通过进一步改善计算公式和方法,以提高算法性能。

(2) 为了进一步提高算法效率及处理大规模数据集的能力,应对基于群体智能的增量挖掘方法或分治法进行研究。

(3) 由于客户转移模式的多样性,如何对不同类型客户转移模式进行合理的评估与解释,为用户提供易于理解的、有价值的知识,是客户转移模式研究的重点和难点,应进一步研究相应的方法。例如可以结合领域应用的特点,充分利用领域专家的知识,采用规则兴趣度分析、聚类分析等方法,对客户转移模式分析结果进行交互式的评估与解释,从而有利于针对性地做出决策。

(4) 从广义上说客户类型有很多,例如在电子商务的 B2B、B2C 等模式中,客户不但包括最终消费者,还包括上游的供应商、下游的分销商,甚至包括企业内部员工和企业外部的竞争对手。因此在今后的研究中,需要将商机分析、竞争对手分析、市场分析等也纳入到整个基于数据挖掘的分析型客户关系管理应用体系中,更好地为企业提供决策支持。

11.4 本章小结

本章对制造业客户关系管理中的数据挖掘应用进行了系统的分析,提出了业务应用、评价指标以及数据挖掘功能间的映射关系,研究了数据挖掘在客户细分、客户流失预测、客户价值分析、交叉销售和纵深销售、客户转移模式分析等五个制造业业务领域的应用。数据挖掘在各个业务领域中的应用不是孤立的,而是相互联系的。例如,客户细分是客户获取的基础,可以为客户获取提供客户特征;客户价值分析中也要利用客户细分、客户流失分析的结果,同时客户价值分析在某种程度上来说也是一种以客户价值为标准的客户细分;客户细分也可以为交叉销售和纵深销售提供一定的依据。根据这些应用间的相互联系,本章采用基于群体智能的数据挖掘方法,建立了一个系统的制造企业客户关系管理中的数据挖掘应用体系。该应用体系可以扩展到其他领域的客户关系管理中。

习 题

1. 客户关系管理的业务应用、评价指标以及数据挖掘功能间的映射关系如何？
2. 画图表示制造业客户关系管理中的数据挖掘应用体系。
3. 在客户细分模块中可以使用的数据挖掘方法有哪些？
4. 在客户流失预测模块中可以使用的数据挖掘方法有哪些？

参考文献

[1] 蔡自兴.人工智能及其应用[M].5 版.北京:清华大学出版社,2016.

[2] Bonabeau E, Dorigo M, Theraulaz G. Swarm Intelligence: From Natural to Artificial Systems [M]. New York: Oxford University Press, 1988.

[3] Xiao X, Dow E R, Eberhart R C, et al. Gene Clustering using Self-Organizing Maps and Particle Swarm Optimization[C]//Proceedings of the Second IEEE International Workshop on High Performance Computational Biology, 2003: 10.

[4] Messerschmidt L, Engelbrecht A P. Learning to play games using a PSO-based competitive learning aApproach[C]//IEEE Transactions on Evolutionary Computation, 2004, 8(3): 280 - 288.

[5] Franken N, Engelbrecht A P. PSO Approaches to Coevolve IPD Strategies[C]// Proceedings of the 2004 Congress on Evolutionary Computation, IEEE Press, 2004: 356 - 363.

[6] Han J, Kamber M, Pei J.数据挖掘:概念与技术[M].3 版.范明,孟小峰,译.北京:机械工业出版社,2012.

[7] Engelbrecht A P.计算群体智能基础[M].谭营,等译.北京:清华大学出版社,2009.

[8] Zhang C, Shao H, Li Y. Particle Swarm Optimisation for Evolving Artificial Neural Network [C]//Proceedings of the IEEE International Conference on Systems, Man, and Cybernetics, 2000: 2487 -2490.

[9] 段海滨.蚁群算法原理及其应用[M].北京:科学出版社,2005.

[10] Hu X, Eberhart R. Solving Constrained Nonlinear Optimisation Problems with Particle Swarm Optimization[C]//Proceedings of the Sixth World Multiconference on Systemics, Cybernetics and Informatics, 2002.

[11] Omran M, Engelbrecht A P, Salman A. Particle Swarm Optimization Method for Image Clustering[J]. International Journal on Pattern Recognition and Artificial Intelligence, 2005, 19(3): 297 -321.

[12] Deneubourg J L, Aron S, Goss S, et al. The Self-organizing Exploratory Pattern of the Argentine Ant[J]. Journal of Insect Behavior, 1990, 3(2): 159 - 168.

[13] Goss S, Aron S, Deneubourg J L, et al. Self-Organized Shortcuts in the Argentine Ant[J]. Naturwissenschaften, 1989,76(12): 579 - 581.

[14] Dorigo M, Stutzle T. An Experimental Study of the Simple Ant Colony Optimization Algorithm [C]//Proceedings of the 2001 WSES International Conference on Evolutionary Computation (EC01), 2001: 253 - 258.

[15] Parpinelli R S, Lopes H S, Freitas A A. Data mining with an ant colony optimization algorithm [C]// IEEE Transactions on Evolutionary Computation, 2002, 6(4): 321 - 332.

[16] 刘波,潘久辉.基于蚁群优化的分类算法的研究[J].计算机应用与软件,2007,24(4): 50 - 53,66.

[17] Wang Z, Feng B. Classification Rule Mining with an Improved Ant Colony Algorithm[C]//AI

2004: Advances in Artificial Intelligence. Lecture Notes in Computer Science: Vol. 3339. Berlin Heidelberg: Springer-Verlag, 2004: 357 - 367.

[18] Shelokar P S, Jayaraman V K, Kulkarni B D. An ant colony classifier system: application to some process engineering problems[J]. Computers & Chemical Engineering, 2004, 28(9): 1577 -1584.

[19] Chan A, Freitas A A. A New Classification-Rule Pruning Procedure for an Ant Colony Algorithm[J]. Artificial Evolution, 2006, LNCS, 3871: 25 - 36.

[20] Smaldon J, Freitas A A. A new version of the Ant-Miner algorithm discovering unordered rule sets[C]//Proc. Genetic and Evolutionary Computation Conference (GECCO-2006), ACM, 2006: 43 -50.

[21] Bilal Alatas, Erhan Akin. FCACO: Fuzzy Classification Rules Mining Algorithm with Ant Colony Optimization[C]//Lecture Notes In Computer Science: vol.3612, 2005: 787 - 797.

[22] Chen Y, Chen L, Tu L, Parallel Ant Colony Algorithm for Mining Classification Rules[C]// IEEE International Conference on Granular Computing (GrC06), 2006: 85 - 90.

[23] Sousa T, Silva A, Neves A. Particle Swarm based Data Mining Algorithms for Classification Tasks[J]. Parallel Computing, 2004, 30(5 - 6): 767 - 783.

[24] 高亮,高海兵,周驰,等.基于粒子群优化算法的模式分类规则获取[J].华中科技大学学报(自然科学版),2004,32(11): 24 - 26.

[25] 段晓东,王存睿,王楠楠,等.一种基于粒子群算法的分类器设计[J].计算机工程,2005,31(20): 107 - 109.

[26] 张建华,江贺,张宪超.蚁群聚类算法综述[J].计算机工程与应用,2006,42(16): 171 - 174, 211.

[27] Tsai C F, Tsai C W, Wu H C, et al. ACODF: a novel data clustering approach for data mining in large databases[J]. Journal of Systems and Software, 2004, 73(1): 133 -145.

[28] 高坚.基于并行多种群自适应蚁群算法的聚类分析[J].计算机工程与应用,2003,39(25): 78 - 79,82.

[29] 杨欣斌,孙京诰,黄道.一种进化聚类学习新方法[J].计算机工程与应用,2003,39(15): 60 - 62.

[30] 杨欣斌,孙京诰,黄道.基于蚁群聚类算法的离群挖掘方法[J].计算机工程与应用,2003,39(9): 12 - 13, 37.

[31] Azzag H, Monmarché N, Slimane M, et al. AntTree: a new model for clustering with artificial ants[C]//Presented at 7th European Conference on Artificial Life (ECAL 2003), Dortmund, Germany, 2003: 14 - 17.

[32] 吴斌,郑毅,傅伟鹏,等.一种基于群体智能的客户行为分析算法[J].计算机学报,2003,26(8): 913 - 918.

[33] 杨燕,靳蕃,Kamel M.一种基于蚁群算法的聚类组合方法[J].铁道学报,2004,26(4): 64 - 69.

[34] Labroche N, Monmarché N, Venturini G. Antclust: ant clustering and web usage mining[C]// Proceedings of the GECCO Conference. Chicago, 2003: 25 - 36.

[35] 吕强,俞金寿.基于粒子群优化的模糊 C 均值聚类算法——在丙烯腈反应器参数优化上的应用[J].计算机工程与应用,2005,41(22): 211 - 214.

[36] Van der Merwe, Engelbrecht A P. Data clustering using particle swarm optimization[C]// Proceedings of IEEE Congress on Evolutionary Computation 2003 (CEC 2003). Canbella, Australia, 2003: 215 - 220.

[37] Jun Sun, Wenbo Xu, Bin Ye. Quantum-Behaved Particle Swarm Optimization Clustering

Algorithm[C]//Advanced Data Mining and Applications. Lecture Notes in Computer Science：Vol. 4093，2006，340-347.

[38] Kao Y T，Zahara E，Kao I W. A Hybridized Approach to Data Clustering[J]. Expert Systems with Applications，2007,34(3):1754-1762.

[39] Stützle T，Hoos H H. MAX-MIN Ant System[J]. Future Generation Computer Systems，2000. 16(8)：889-914.

[40] Peng Jin，Yunlong Zhu，Kunyuan Hu，Sufen Li. Classification Rule Mining Based on Ant Colony Optimization[C]//ICIC 2006：Intelligent Control and Automation. Lecture Notes in Control and Information Sciences：Vol. 344. Springer-Verlag，Berlin Heidelberg New York，2006：654-663.

[41] Deneubourg J L，Goss S，Frank N，et al. The Dynamics of Collective Sorting：Robot-like Ants and Ant-like Robots[C]// Proceedings of the First International Conference on Simulation of Adaptive Behavior：From Animals to Animats. Cambridge. MA：MIT press/Bradford Books，1991：356-363.

[42] 丁浩,杨小平.SWARM——一个支持人工生命建模的面向对象模拟平台[J].系统仿真学报，2002,14(5)：569-572.

[43] 朱云龙,南琳,王扶东.CRM 理念、方法与整体解决方案[M].北京：清华大学出版社，2004.

[44] 李勇,宋加山,季峰.GCV 生命周期理论的动态客户关系管理研究[J].客户世界,2006,11：66-68.

[45] 李纯青,徐寅峰,张洋.基于知识管理的动态客户关系管理研究[J].中国管理科学,2004,12(2)：88-94.

[46] 袁旭梅,康键,张昕.动态 CRM 模型在电子商务中的应用[C]//2003 年中国管理科学学术会议论文集,2003：347-351.

[47] 杨雪梅,李英俊,龙蓉.数据挖掘在汽车销售客户分析中的应用[J].山东科学,2006,19(3)：75-79.

[48] 王宏.数据挖掘在企业客户价值管理中的应用[J].中国科技信息,2006,22：164-166.

[49] Bing Liu，Wynne Hsu，Heng-Siaw Han，Yiyuan Xia. Mining changes for real-life applications [C]//the 2nd international conference on data warehousing and knowledge discovery，London Greenwich，UK，2000：337-346.

[50] Cheung D W，Han J，Ng V T，Wong C Y. Maintenance of discovered association rules in large databases：an incremental updating technique[C]//Proceedings of the Twelfth International Conference on Data Engineering(ICDE-1996)，1996：106-114.

[51] Agrawal R，Mannila H，Srikant R. Fast discovery of association rules[C]//Advances in Knowledge Discovery and Data Mining. Menlo Park,CA：AAAI/MIT Press,1991,229-238.

[52] Padmanabhan B，Tuzhilin A，Unexpectedness as a measure of interestingness in knowledge discovery[J]. Decision Support Systems，1999,27(3):303-318.

[53] Han J，Dong G，Yin Y. Efficient mining of partial periodic patterns in time series database [C]//Proceedings of the Fifteenth International Conference on Data Engineering(ICDE 1999)，1999：106-115.

[54] Srikant R，Agrawal R. Ming generalized association rules[C]//Proc of 21th International Conference on Very Large Data Bases，Zurich，Switzerland：Morgan Kaufmann，1995：407-419.

[55] Agrawal R，Psaila G. Active data mining[C]//Proceedings of the First International Conference on Knowledge Discovery and Dataming(KDD 1995)，1995：3-8.

[56] Calem P S，Gordy M B，Mester L J. Switching costs and adverse selection in the market for

credit cards：New evidence[J]. Journal of Banking & Finance，2006，30(6)：1653－1685.

[57] 刘义，万迪窻.管理客户转移成本：提高客户忠诚[J].科技与管理，2003，5(3)：61－63.

[58] Kim H S，Yoon Determinants of subscriber churn and customer loyalty in the Korean mobile telephony market[J]. Telecommunications Policy，2004，28(9－10)：751－765.

[59] 王子健，周战强.商业银行客户转移成本量化分析[J].经济科学，2002，2：34－39.

[60] 仝勖峰，朱名铨，盛义军，等.基于知识的制造业客户关系管理系统研究与实现[J].机械科学与技术，2004，23(6)：696-698，734.

[61] 张志远，张忠能，凌君逸.基于呼叫中心的客户管理系统在制造业的应用[J].计算机工程，2004，30(S1)：427－429.

[62] 黄贤勇，尹隽，王念新.基于制造业 ERP 构建企业多层数据仓库[J].企业技术开发，2005，24(9)：42－44，82.

[63] Lumer E，Faieta B. Diversity and adaptation in populations of clustering ants[C]// Proceedings of the third international conference on Simulation of adaptive behavior：from animals to animats 3，Brighton，United Kingdom，1994：501－508.

SIMiner 系统简介

　　SIMiner 系统基于 J2EE 平台,采用 Java 语言编码。SIMiner 系统由以下模块构成:数据预处理模块、数据挖掘模块、规则管理模块以及决策支持模块。其中数据预处理模块对各种异构的数据源进行数据清理,使其成为适用于数据挖掘的数据,作为系统的输入;数据挖掘模块具体采用上述研究内容中所提出的基于群体智能的数据挖掘方法,对输入数据进行分析处理,完成各种数据挖掘任务;规则管理模块对数据挖掘模块中产生的各种规则进行存储、查询、删除等行为;决策支持模块是本系统与最终用户进行交互的模块,通过对规则的分析,对用户制定决策提供辅助和支持。其中的数据挖掘模块可进行扩展,加入现有的其他数据挖掘方法和算法,使系统具有更强的数据分析处理能力。

　　图 1~图 8 是系统部分运行界面。

图 1　SIMiner 系统启动界面

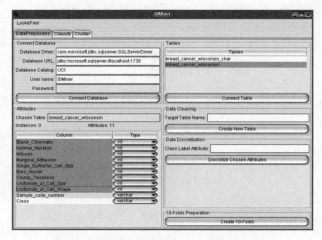

图 2　数据预处理模块界面——连接数据库

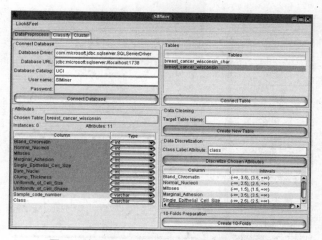

图 3　数据预处理模块界面——数据预处理

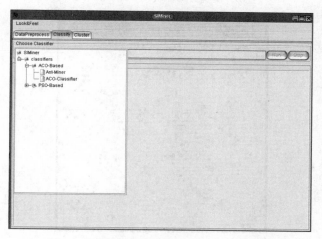

图 4　分类规则挖掘模块界面——算法选择

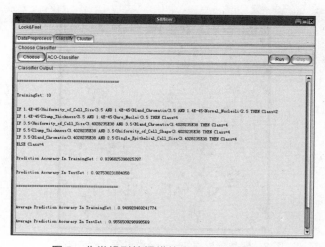

图 5　分类规则挖掘模块界面——分类结果

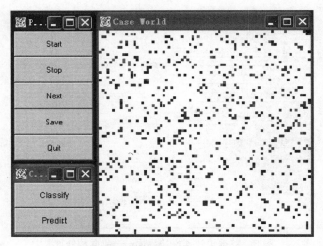

图 6　聚类分析模块——Swarm 平台

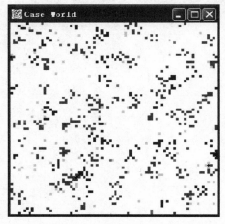

图 7　聚类分析模块——聚类过程（$t = 5000$）

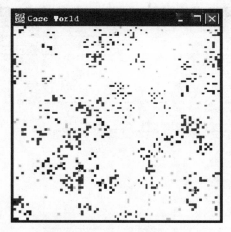

图 8　聚类分析模块——聚类过程（$t = 10000$）